料理の科学：加工・加熱・調味・保存のメカニズム

科學料理

從加工、加熱、調味到保存的
美味機制

日本名古屋工業大學名譽教授
齋藤勝裕——著

衛宮紘——譯

序

本書的主題是「從科學的角度看料理」。

我是一位喜歡釣魚的饕客，經常跑到海邊垂釣小魚，除了河豚，我會把其他釣到的魚帶回去料理食用。回到家後，我會立即處理魚隻，生魚片、燉煮、燒烤、油炸等樣樣都來（實際上，大部分是由內人處理的……）

在料理的過程（看著內人料理的過程）中，我迸出料理就是化學的想法。我站在化學實驗室的實驗台前超過40個年頭，每天使用磅秤（電子天秤）、量杯（量筒），量取各種藥品，置入容器（燒瓶），油浴加熱（加熱循環）再以冰水冷卻，變成新物質，使用各種方法分離各個成分，研究分子結構。

料理也是同樣的情況，以重量或者體積量取食材、調味料，置入鍋中，加熱變化後，將所有美味食材盛進碗盤，嚐試味道。因此料理完全可說是一種化學實驗。

料理的重點是「美味」與「營養」。那麼，美味是什麼？該怎麼做食物才會美味呢？相信大家心中會湧現這些疑問吧。

然後，在探討什麼是營養時，會產生有關熱量、身體調整、維生素、微量元素等疑問。食品分為酸性與鹽基性食品，兩者存在著什麼差異呢？

　　這樣思考的過程中，我腦中陸續浮現疑問：薯類加熱後，主要成分的澱粉會發生什麼變化？肉類加熱後，蛋白質會發生什麼變化？再則，豆腐是由豆漿製成，但為什麼液體會變成固體呢？

　　料理中，存在著許多有趣的不可思議。本書是從簡單的問題到直搗化學本質的尖銳疑問，回答這些許多人在料理時突然浮現的疑問，以闡述料理的科學。

　　另外，食品也伴隨著危險，幾乎每年春天都會發生分不清野菜和毒草的食物中毒，秋天則是發生毒菇等引起的食物中毒，其他還有貝毒、河豚毒等。料理食材也意味著要避免這些危險。此外，還有不分季節由細菌、病毒引起的食物中毒。

　　食品未必都是作成後馬上食用，除了便當之外，還有熟鮓*等發酵保存的食物。安全地保存食品，也是料理上重要的一環。

　　雖說如此，料理畢竟是愉快烹調美味食物

---

*譯註　利用米發酵來保存海鮮，醃製完成後僅食用魚肉部分，米發酵材料則捨棄。

的過程，因此，如果本書有點艱澀、需要皺眉才能閱讀，那就太過無趣了。為了避免發生這樣的情形，本書致力於能夠輕鬆愉快閱讀的內容。當中還穿插許多的小專欄（知識面面觀MEMO），在休息的同時，也提供可跟朋友分享的有趣知識話題。

期望閱讀本書的各位讀者，能夠愈加喜歡料理。

最後，感謝在本書製作上的參考書籍作者、出版社同仁，以及努力付梓本書的SB Creative的品田洋介先生、編輯PRODUCTION的Mach編輯、Copernicus編輯，還有樋口良太設計師。

齋藤勝裕

目 錄

科學料理

CONTENTS

第1章

料理就像是
化學實驗

料理是將食材切碎、加熱，使其變得美味的技術。做料理就像是做化學實驗。

廚房好比化學實驗室，料理人好比掌管化學研究室的教授。

比起從旁指導學生處理素材（藥品）的教授，親自使用料理器具處理食材（素材）的教授，更是有趣。玩笑話暫且不談，料理可說是一種化學實驗。

燉煮、燒烤是熱化學反應，醋拌、醃菜是酸鹼反應，發酵是生物化學反應，乾貨是光化學反應，讓我們一起從化學的角度看料理吧。

1-1 什麼是酸性食物、鹼性食物？

食物存在許多不同的種類，例如：主要成分為碳水化合物的植物性食品、主要成分為蛋白質的動物性食物，藉由微生物力量變化的發酵食物等，也有未經人手的生鮮食物，經過調理的加工食物等分類。

其中，最難以理解的應該是酸性食物與鹼性（鹽基性）食物的分類。「酸性食品應該很酸，所以檸檬、梅乾是酸性食物。」相信許多人會這麼想吧。但檸檬、梅乾其實是鹼性（鹽基性）食物。酸性、鹼性（鹽基性）的定義究竟是什麼呢？

■ 主要食物的分類

植物性食物			動物性食物		
穀物 / 蔬菜	水果	菇類 / 海藻	海鮮類 / 魚卵	牛肉、豬肉 / 雞肉 / 蛋	乳製品
發酵食物					
醃漬物、味噌、醬油、日本酒、醋等	葡萄酒等		熟鮓鹽漬內臟、鹽漬鳳尾魚魚醬等	皮蛋等	起司優格等

Ⓐ 什麼是酸、鹼？

酸會讓藍色的石蕊試紙變紅；鹼（鹽基）會讓紅色的石蕊試紙變藍，這在小學就學習過，但大家是仍覺得一知半解呢？

對料理來說，酸、鹼，酸性、鹼性是非常重要的因素。有鑑於此，在此以料理相關的事例，進行簡單具體地說明。

料理上常聽聞的酸，包含**脂肪酸、胺基酸**；食醋成分的**醋酸**；帶給梅乾、柑橘類**酸味**的**檸檬酸**。另一方面，**去除苦澀**的草木灰、小蘇打粉（碳酸氫鈉）則屬於鹼（鹽基）。那麼，酸、鹼究竟是什麼呢？

酸、鹼是一種物質

酸、鹼是什麼？這個非常基本的問題，有好幾種答案，最常聽聞的答案是：

●**酸：溶於水釋出氫離子H$^+$的物質。**

●**鹼：溶於水釋出氫氧根離子OH$^-$的物質。**即「鹽基」。

〔**酸的例子**〕

最簡單的酸是**胃酸**中的鹽酸HCl，鹽酸會如下分解，釋出H$^+$：

$$HCl \rightarrow H^+ + Cl^-$$

〔**鹼的例子**〕

從前，糖果盒中的乾燥劑是生石灰（氧化鈣CaO）。生石

知識面面觀MEMO

鹽基與鹼性有何不同？

中小學時，會學到「酸性」的相反是「鹼性」。在這本書中，我們則說「鹽基」。鹼與鹽基有何不同呢？

鹼是鹽基的一種，但定義不明確，有人認為「鹼＝具有OH原子團的鹽基」；也有人認為「鹼＝鹽基金屬所形成的鹽基」。由於定義不明確，因此現在較少使用鹼，多用鹽基這個詞語。

灰會跟水（濕氣）如下反應成消石灰（氫氧化鈣$Ca(OH)_2$）、釋出OH^-，所以是鹼（鹽基）。

$$Ca(OH)^2 \rightarrow Ca^{2+} + 2OH^-$$

Ⓑ脂肪酸是酸嗎？

脂肪吃進體內後，會被胃酸分解成**甘油**與**脂肪酸**。脂肪「酸」如同其名，是酸的一種。脂肪包含牛油、豬油、沙拉油等許多種類，差別在於構成脂肪的脂肪酸種類不同。甘油僅有一種分子，但脂肪酸有許多種類，不同的脂肪酸會形成不同的脂肪。

IPA、DHA是脂肪酸的一種名稱

暫且不論**IPA（EPA）**、**DHA**是否真的對大腦有益，可先記住IPA、DHA是脂肪酸的名稱。脂肪酸為有機物，而有機物的名稱是根據碳和鍵結個數，以數字的組合來命名。

IPA是由20個碳原子C、5個雙鍵組成的酸，20的希臘文數字是icosa、5是penta，酸的英文是acid，三者字頭組合起來稱為IPA。DHA是22個碳原子（docosa）、6個雙鍵（hexa），加上酸的英文acid稱為DHA。

Ⓒ胺基酸也是酸嗎？

肉是由**蛋白質**組成，而蛋白質是由數百個**胺基酸**小分子連結而成的大分子。構成蛋白質的胺基酸僅有20種。

胺基酸是種神奇的化合物，單一分子同時具有酸與鹽基。這類物質稱為兩性物質。

ⓓ「酸性、鹼性」跟「酸、鹼」不一樣嗎？

「酸、鹼」和「酸性、鹼性」是相似的名詞，意義有一點差異。

什麼是酸性、鹼性？

酸溶於水（溶液）為酸性，鹼溶於水溶液為鹼性，酸會釋出H^+，鹼會釋出OH^-。換言之，H^+較多的狀態為酸性，OH^-較多的狀態為鹼性（鹽基性）。

■主要食物的pH值

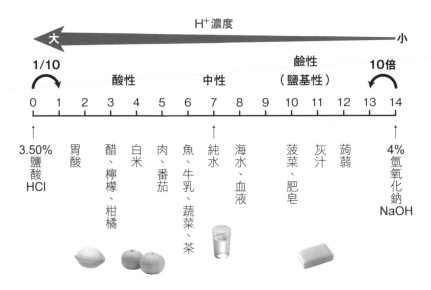

什麼是pH？

溶液為酸性或者鹽基性，是由量測H^+的濃度$[H^+]$來決定，而描述$[H^+]$的指標稱為氫離子指數pH。pH的定義式如下：

$$pH=-\log[H^+]$$

這是一條重要的數學式，但跟料理沒有直接相關，下面僅整理與料理有關的事項：

●中性狀態為pH＝7。

●pH的數值愈大為鹼性（鹽基性）、愈小為酸性。

●pH數值每差1，H^+的濃度相差10倍。

前頁圖標示了部分物質與pH的關係。

⒠酸性食物、鹼性食物的機制

在前頁圖中，列出了「酸性物質」與「鹼性物質」（鹽基性物質）。然而，「酸性食物」「鹼性食物」（鹽基性食品）的分類不是以pH值來區分，並非因為酸檸檬的「pH值為酸性，所以是酸性食物」。

食物為酸性或者鹼性的判斷標準是，食物燃燒後剩餘物的性質。

「燃燒」是與氧氣反應，相當於身體的代謝作用。食品被代謝成二氧化碳CO_2、水H_2O和能量後，剩餘物的性質才是食物真正的性質。

鹼性食物

試著燃燒植物吧。植物的主要成分是碳水化合物，碳水化

合物是由碳C、氫H、氧O組成的物質。碳燃燒後會形成二氧化碳CO_2，氫燃燒後會形成水H_2O（水蒸氣），兩者都會揮發散去。然而，植物燃燒後所殘留固體的草木灰是什麼東西呢？

　　植物含有鉀K、鈣Ca、鎂Mg等金屬元素的礦物質，鉀燃燒後形成氧化鉀K_2O，溶於水形成氫氧化鉀KOH，這是強鹼（鹽基）的代表。所以，草木灰溶於水的灰汁為鹼性（鹽基性）。

　　因此，檸檬、梅乾、番茄、蕃薯皆為鹼性（鹽基）食物。

酸性食物

　　與此相較，家畜、家禽、魚等動物性食物的主要成分為蛋白質，也就是胺基酸。胺基酸含有氮N、硫S、磷P等元素，S燃燒後形成二氧化硫SO_2，溶於水形成強酸（亞硫酸H_2SO_3），氮會形成硝酸HNO_3，磷會形成磷酸H_2PO_4。因此，肉是酸性食物。

知識面面觀MEMO

碳水化合物是指澱粉嗎？

碳水化合物的分子式為$C_m(H_2O)_n$，看起來像是由碳C和水H_2O組成的分子。碳水化合物的典型，可舉醣類之一的葡萄糖（glucose）為例。多個葡萄糖能夠彼此結合，兩個葡萄糖結合起來為麥芽糖，數千個葡萄糖結合起來的長分子為澱粉。澱粉分為螺旋狀的直鏈澱粉與分枝狀的支鏈澱粉（參見P.95），糯米含有100％的支鏈澱粉；粳米（蓬萊米）含有約20％的直鏈澱粉。

1-2 營養與熱量

什麼是**營養**？營養豐富的食物和料理是什麼樣的東西呢？

說到營養，通常包含三種東西：①能量、②建構身體的物質、③調整身體狀況的物質。

其中，②對應的物質主要有碳水化合物、脂肪、蛋白質。那麼，①、③又分別對應哪些東西呢？

Ⓐ什麼是熱量？

生物分成動物和植物，動物會吃食物，但植物不會。

光合作用是利用太陽能

植物會攝取水H_2O、二氧化碳CO_2，經由光合作用將兩者轉為碳水化合物，並產生氧氣O_2。光合作用需要太陽光，也就是光能。

光合作用：$CO_2 + H_2O +$ 光能 $\rightarrow$ 碳水化合物 $+ O_2$

那麼，動物呢？②建構身體的物質、③調整身體狀況的物質，以及①利用前兩者物質所需的能量，動物全都要從食物中獲得。

動物吃進體內的食物，會在消化道被分解成醣類、胺基酸、脂肪酸等單位分子。這些單位分子被送至腸道，吸收進入血管後，再經由各種作用酶進一步分解和氧化。這個分解和氧化的過程，一般稱為**代謝**。

代謝是氧化反應

代謝在化學上是**氧化反應**。換言之，碳水化合物的代謝是碳水化合物跟氧氣反應，產生二氧化碳、水與反應熱。動物會利用這個反應熱來維持生命活動。

代謝：碳水化合物＋O_2→CO_2＋H_2O＋反應熱

換言之，動物進行的代謝，跟植物進行的光合作用，是完全相反的反應。這意味動物的能量來源，是植物從太陽獲得的光能。碳水化合物就像是「太陽能的罐頭」。

■米是太陽照射稻田的太陽能結晶

收穫前的稻田。

主食「米飯」。

■麵包跟米飯一樣充滿了太陽能

即將收穫的小麥田。

使用麵粉的主食代表「麵包」。

Ⓑ食物為什麼會變成熱量呢？

碳燃燒後會產生熱，表示形成作為熱能的反應熱。代謝也是同樣的情況，碳水化合物被代謝表示碳水化合物被氧化，發生跟燃燒相同的化學反應，最後產生反應熱（熱能）。

碳燃燒後產生能量 ΔE。

食物代謝後產生能量 ΔE。

卡路里是能量的單位

計算產生能量的單位有很多種，高中化學是使用焦耳（J），但在料理、營養方面習慣使用**卡路里**（cal卡，kcal千卡）。卡路里是容易理解的單位，1cal為使1ml（1cc、$1cm^3$）的水，溫度上升1℃所需的能量。

為什麼需要能量？

動物經常需要運動，即便是在睡眠的時候，心臟仍持續跳動，大腦也會做夢，而進行運動得消耗能量。換言之，若缺乏能量，動物根本無法存活。動物正是藉由代謝食物來獲得能量。

食物材料1g產生的能量約為脂肪9kcal、蛋白質4kcal、碳水化合物4kcal。

Ⓒ維生素與荷爾蒙有什麼不一樣？

　　許多人因長期飽食而為代謝症候群所擾，代謝症候群的壞處是，造成維持正常生活所需的「各種營養素失去平衡」。那麼，各種營養素是什麼呢？主要是指維生素與必需元素。

什麼是維生素？

　　為了維持生命活動順暢，人類需要微量便足夠但不可缺少的物質。在這類微量物質中，人類「無法自行合成的物質」稱為**維生素**，缺乏維生素會出現特定的症狀。與此相對，人類能夠自行合成的微量物質稱為**荷爾蒙**。

維生素有哪些種類？

　　維生素有許多種類，大致分為可溶於水的水溶性維生素，與不溶於水但可溶於油的脂溶性維生素。分類與缺乏所產生的病症，如下表所示：

■主要的維生素與其缺乏症

主要的水溶性維生素缺乏症		主要的脂溶性維生素缺乏症	
維生素B1	腳氣病	維生素A	夜盲症、皮膚乾燥症
維生素B2	生長障礙，黏膜、皮膚的炎症	維生素D	佝僂症、骨軟化症
維生素B6	生長停止、體重減少、癲癇型痙攣、皮膚炎	維生素E	神經障礙
維生素B12	巨胚紅血球貧血	維生素K	容易出血、血液凝固延遲
維生素C	壞血病		

水溶性維生素與脂溶性維生素

含有水溶性維生素的食材若長時間浸水，維生素會溶於水中，最後分解消失。以含有脂溶性維生素的食材做油類料理，維生素會溶於油中變得容易攝取。

水溶性維生素即便攝取過多，也會隨著尿液排出體外，但脂溶性維生素會殘留體內造成危害，需注意不要攝取太多。另外，維生素不耐熱，可能因過度加熱而分解（失去效力），料理時需注意。

Ⓓ什麼是必需元素？

地球上存在於自然界的**元素**約有90種，由這些元素組成無數種類的物質，真是非常神奇。

這90種元素中，約有70種是金屬元素，非金屬的元素僅約有20種。然後，令人驚訝的是，人體主要是由這20種非金屬元素建構而成。

什麼是必需主要元素？

建構身體的主要物質──有機物的元素，幾乎是由碳C、氫H、氧O_2，少量的氮N、磷P、硫S以及骨骼的鈣Ca形成。構成人體所需的必需元素中，屬於主要部分的元素，稱為必需主要元素。

什麼是必需微量元素？

然而，元素存在量的多寡，跟對人體機能貢獻程度未必一致。例如，人體中存在金屬元素鋅Zn，一些作用酶含有鋅原子物質，缺乏鋅原子會造成酶活動停止，使得人體沒辦法進行必要的生命活動。

像這樣在身體中存在量微小，但缺乏會無法維持生命活動的元素，稱為**必需微量元素**。

一般來說，礦物質是指必需元素中除去CHON，也就是碳C、氫H、氧O、氮N所剩下的元素。大多數為金屬元素，另有磷P、硫S、氯Cl、硒Se、碘I等非金屬元素。

1 H																	
		必需主要元素															
		必需微量元素									6 C	7 N	8 O				
11 Na	12 Mg											15 P	16 S	17 Cl			
19 K	20 Ca		24 Cr	25 Mn	26 Fe	27 Co	28 Ni	29 Cu	30 Zn				34 Se				
			42 Mo											53 I			

數字為原子序

■ **維持人體生命活動的必需主要元素與微量元素**

體內恆定

為了進行生命活動，人體會維持一定量的必需微量元素，稱為**體內恆定**（homeostasis：人體恆定性）。若元素量不足，無法保持恆定性，會導致人體出現異常，甚至危及生命。

下圖是描述必需元素與非必需元素在人體內的含量，以及對健康的影響，可知兩者都是極端缺乏將無法維持人體恆定性，但並非愈多愈好。

必需元素特別敏感，無論少於或多於適量範圍，都會帶來不好的影響，適量才是最恰當的。

在飲食上，專家建議盡可能食用多種食材，所以料理時可盡量使用多樣食材，這也意指要全方位攝取微量元素。

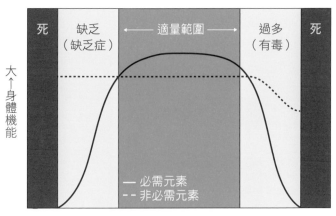

攝取量（或組織內濃度）→大

■必需元素與非必需元素的人體內含量與對健康的影響

1-3 食物的變化

　　農業生產蔬菜、穀物；畜牧業生產肉類；漁業生產海鮮類，各領域生產的食材，經由不同通路送至消費者手中。然而，在現代社會，送到我們手中的食材，未必全是生產者生產的東西。

　　不少食材在流通過程中會發生質和量的變化，誕生了以此為目的的第二生產過程。

Ⓐ脫穀製粉

　　植物性食物中，有些食物在農地的收成狀態與擺在店頭的狀態迥異，大部分穀物都是這樣的。

■從稻穗到白米的過程

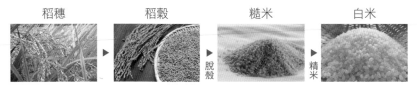

| 稻穗 | 稻穀 | 糙米 | 白米 |

脫穀　　精米

脫穀

　　近年來，有些孩子從來沒有摸過農地裡結實的稻穗、麥穗。他們可能不知道稻穗不是馬上變成米，而是先變成稻穀，稻穀脫殼為糙米，再精製成白米。

　　經由**脫穀**去除穀殼的米，稱為糙米，接著經由精米過程，

去除米糠的米，稱為白米。在精製過程剩下多少的白米比例，稱為**精米比率**。一般白米的精米比率為90％，去除了糙米重量10%的米糠。

用於釀造日本酒的白米，會使用60％、50％或者更低的精米比率。米的外側含有較多的蛋白質，會讓酒出現雜味，因此要去除。

製粉

穀物經**製粉**研磨成粉末。穀物的粉末會因種類、製法而性質不同。

●米粉

將米磨成粉的米粉，根據原料粳米（蓬萊米）、糯米的不同，製法的不同而有各式各樣的種類。主要的米粉整理如下表，但還有許多其他種類。從此表中可窺見日本民族對米的執著。

■主要米粉製品的特徵

名稱	米的種類	製　法	熱處理	用　途
上新粉	粳米	製粉	無	團子、柏餅、草餅、外郎糕、輕羹饅頭等
餅粉	糯米	製粉	無	麻糬、求肥、年糕紅豆湯、最中餅等
白玉粉	糯米	製粉後浸水，取出沉澱部分乾燥	無	白玉湯圓、求肥、麻糬、年糕紅豆湯
寒梅粉	糯米	作成年糕後燒烤製粉	有	押菓子、豆菓子、工藝甜點、製菓用、糊用等
落雁粉	糯米	米焙煎後製粉	有	落雁餅
微塵粉	粳米糯米	炊熟後乾燥製粉	有	粳米：日式甜點等糯米：日式甜點、球霰糖、櫻餅、米餅、油炸粉用等

●麵粉

麵粉分成高筋粉、中筋粉、低筋粉，差別在於粉中的澱粉粒子大小、蛋白質、麩質的含有量。實際上，原料的小麥品種亦有生產國的不同，如下表所示。

高筋粉用於披薩，低筋粉用於油炸物等。從麵粉取出的麩質，可作成生麩、烤麩等重要的料理食材，或者作成麩饅頭等，用於製作日式甜點。取出麩質剩下的粉，可作為太白粉等販售。

■麵粉的種類

種類	粒子	麩質量	主要原產國
低筋粉	極細	6～9％	日本、美國
中筋粉	細	8～11％	日本、美國、澳洲
高筋粉	粗	11～13％	美國、加拿大

●蕎麥粉

蕎麥會經由脫穀、製粉，製作成蕎麥粉。蕎麥分成藪蕎麥類與更科蕎麥類，兩者差在製粉的方式不同。更科僅以蕎麥粒中心的白色部分製粉，藪則是連同皮混合磨粉，可按照個人喜好來選擇。

Ⓑ熟成、發酵

所有食物都可說是源子生物。食物會隨著時間變化，最後腐敗無法食用。然而，在轉變的過程中，有些東西會比新鮮食物更美味，價值更高。

熟成是酵素和酶的作用

　　蔬菜、水果收成後會繼續成熟，因此，為了到達消費者手中時呈現最佳狀態，實際上會提早收成。

●果實的熟成

　　番茄就是會提早收成的蔬菜之一。還殘留有綠色時採收，讓番茄於運輸過程中轉紅，最後交到消費手上。番茄在還有綠色的狀態下最甜，之後即便仍在樹枝上沒有摘取，甜味也不會繼續增加。

　　香蕉成熟後會吸引害蟲，所以得在綠色狀態時採收，再於運輸過程中催熟，吸收植物熟成荷爾蒙的乙烯氣體。

大部分香蕉是在成熟前採收。

●肉的熟成

　　最近，肉類的熟成受到注目。隨著時間經過，肉的蛋白質會在酶的作用下被分解成胺基酸。胺基酸的分解，會增加肉的鮮味，火腿可看作是類似的原理。

●魚的熟成

　　魚也會採取類似的做法。魚死後會發生死後僵硬、軀體變硬，雖然口感仍不失美味，但等魚類死後靜置約一天，增加胺基酸，味道會變得更加鮮美。不過，某些溫度會讓腐敗菌增殖，所以條件管理對魚的熟成很重要。

在日本，屠殺、解體肉牛後，通常會以帶骨狀態低溫熟成數天後，才流通到市場上。我們食用的美味牛肉，也是經過適度的熟成，增加鮮味成分。其中，稱為「熟成肉」的牛肉，是經過長達約1個月時間熟成的肉品。

發酵是微生物發揮作用

　　發酵是常用的料理方式，利用乳酸菌、酵母菌等微生物的作用，將澱粉、葡萄糖、蛋白質分解成乳酸、酒精、胺基酸等鮮味成分，使成分產生變化的技術。

　　蔬菜醃漬物並不僅是利用鹽分改變滲透壓來脫水，還多虧乳酸菌等的發酵，才能散發出醃漬物獨特的鮮味和香味。新卷鮭、鹽漬烏賊等海鮮類的醃漬物，也是同樣的道理。

　　日本的發酵技術發達，甚至被稱為發酵王國，有著許多經由發酵改質、改良的食品。

ⓒ酒精發酵

　　酒是餐桌上不能欠缺的配角（甚至是主角）。除了直接飲用，還可用來提味菜餚，當作調味料。酒的釀造方式有各式各樣。

葡萄酒的釀造方式

一般來說，葡萄酒是利用微生物酵母，讓葡萄糖進行酒精發酵製成。葡萄的果實富含葡萄糖，果皮帶有天然酵母，僅是將葡萄搗爛放置，就能夠製成葡萄酒。

日本酒的釀造方式

然而，米、麥等穀物裡頭沒有葡萄糖，而是含有葡萄糖連結而成的澱粉。因此，想讓酵母發揮作用，必須先將澱粉分解為葡萄糖。進行這項反應的就是麴。

釀造日本酒的時候，會同時進行麴的葡萄糖生成與酵母的酒精發酵。

啤酒的釀造方式

啤酒的釀製是讓小麥發芽，利用麥芽中的酵素分解澱粉，作成相當於葡萄糖水溶液的麥汁。接著，再加入酵母、啤酒花（hop）進行酒精發酵，就能夠釀成啤酒。紅酒、日本酒、啤酒等直接由發酵釀成的酒，稱為釀造酒。

蒸餾酒的釀造方式

威士忌、白蘭地、燒酒等酒精濃度高的酒，是蒸餾釀造酒收集高酒精成分的酒品，故稱為蒸餾酒。威士忌是蒸餾麥汁發酵的酒，白蘭地是蒸餾紅酒，燒酒原則上是蒸餾日本酒。

⒟食品添加物

現代市售的加工食品，多多少少都含有食品添加物。這些添加物都有經過相關當局嚴謹查驗，確認對人體無害，但建議還是要暸解它們是什麼樣的物質。在食品添加物中，人工甜味劑、化學調味料留到第4章再來介紹。食品添加劑的種類與用途多到令人吃驚。

防腐劑、殺菌劑、抗氧化劑

用來防止食品中的細菌增殖以及殺死細菌，如安息香酸（苯甲酸）等。詳情請見第5章的說明。

漂白劑、發色劑

漂白劑可去除天然材料本身帶有的黃褐色等原色，使其看起來更加純白（硫酸鈉等）。而發色劑是以人工呈現非素材原色的藥劑（讓火腿發紅的亞硝酸鈉等）。

乳化劑、增稠劑

乳化劑（脂肪酸酯等）可讓本來難以相融的水和油混合乳化，增稠劑（褐藻酸鈉等）則能讓食品有黏滑、濃稠感。

著色劑

著色劑能使食品附著顏色，除了人工色素，另有梔子素（黃色）、紅花素（紅色）、胡蘿蔔素（橘色）等天然色素。然而，天然色素價格昂貴，呈現的顏色也不大鮮豔，所以多數食品是使用合成著色劑。現今有14種藥劑是被認可使用的合成

著色劑，其中12種屬於焦油類色素。這些色素帶有許多「六角結構」的苯環。

　　一般來說，苯環類化合物大多具有致癌性，但公認的著色劑經過嚴格的查驗，所以不需要過於擔心。反過來說，在眾多焦油類色素中，僅有12種獲得使用認可，這表示其他焦油類色素帶有某些缺點（危害性）。

Ⓔ 轉殖遺傳基因

　　基因轉殖作物如同其名，是指經由轉殖基因製作出來的新農業作物。

基因轉殖的技術

　　農作物的品種改良，從很早以前就開始實施，但當時採用的方式是交配，以交配來轉殖兩種農作物的遺傳基因。但是，這種交配在完全不同類的作物或異種生物之間無法進行。

　　然而，使用現代的基因轉殖，甚至可使植物與動物之間可能交配。例如，取出某生物A的部分遺傳基因（DNA），接合到某種細菌的遺傳基因上，再讓該細菌寄生（感染）另一生物。如此一來，生物A的部分遺傳基因就能經由細菌，接合至生物B的遺傳基因當中。

　　被接合的生物B不再是生物B，變成新的生物B'。這個B'就稱為基因轉殖作物。B'除了擁有B原有的性質，也繼承了A的部分性質。

　　遺傳基因轉殖技術是做出對人類更有利的全新作物的技術。

日本的現狀

在日本，並未正式栽培基因轉殖作物。因此，國產作物、僅使用國產作物的食品皆未含有基因轉殖作物。

然而，日本有開放進口基因轉殖作物。日本准許進口的基因轉殖作物包含：玉蜀黍（玉米）、黃豆、油菜籽、棉花果實、馬鈴薯、甜菜、苜蓿芽、木瓜等8種。其中，主要流通販賣的作物有：玉蜀黍（玉米）、黃豆、油菜籽、棉籽果實等4種。

■日本國內流通的遺傳基因轉殖作物

玉蜀黍（玉米）　　　　　　　黃豆

油菜籽　　　　　　　　　　　棉籽

1-4 具有危險性的食物

　　我們每天都要攝取食物，以建構身體、維持生命，所以確保安全性比什麼都來得重要，但有時難免還是會擔心。上一節舉出的食品添加物、遺傳基因轉殖作物等，可能是令人擔心的源頭。這節將更具體解說可能會對食物帶來危險性的東西。

Ⓐ殺蟲劑的危險性

　　從前，在稻子結穗的稻田裡，敲打稻穗後會蹦飛出蝗蟲。蝗蟲是會啃食結穗稻穀（米）的害蟲，而殺蟲劑可用來保護作物免於這類害蟲的侵害。但是，如果殺蟲劑中殺死昆蟲的成分殘留於食材中，會非常危險。

■身邊常見的害蟲

蝗蟲：啃食稻穗的葉子，大量出沒可能導致饑饉。

黃守瓜：啃食小黃瓜、南瓜等葫蘆科植物的葉子。

蚜蟲（膩蟲）：從植物的莖、葉吸取養分。

毛蟲：蝴蝶、蛾的幼蟲。不同種類啃食不同的植物。

有機氯化合物

　　對農家來說，殺蟲劑就像是上天的巧妙安排。將殺蟲劑最

初的大發明DDT公諸於世的穆勒（Paul Muller），於1948年獲頒諾貝爾化學獎。DDT、後續發明出來的BHC，都是含有氯Cl的有機氯化合物。然而，不久就發現有機氯化合物不但對人體有立即的傷害，且會長時間殘留於環境中持續危害，人們最後不再使用這類殺蟲劑。

有機磷化合物

　　取而代之的是含有磷P的有機磷化合物，現今家庭園藝使用的馬拉松乳劑（Malathion）、速益乳劑（Sumithion）、巴拉松（Parathion）等，大多都是這類殺蟲劑。數年前日本發生了一起中毒事件，起因是中國進口的餃子裡頭含有二氯松（Dichlorvos），這也是有機磷類的殺蟲劑。

　　類似物當中，也有在開發階段就發現毒性過強，而未作成殺蟲劑商品的化合物。其中，有些化合物後來根據其他目的繼續研究，發展成殺人用的化學武器，例如：奧姆真理教事件有名的沙林（Sarin）、梭曼（Soman）；金正恩的哥哥金正男被殺害時使用的VX等。

Ⓑ收成後農藥

　　作物並不是僅有在生長過程中噴灑農藥，收成後也會使用農藥，以防止穀物、果實遭到害蟲、害獸啃食。這樣的農藥稱為收成後農藥（Post-Harvest Treatment）。

　　收成後農藥會選用危害性低、揮發性高的藥物，以便消費者拿到農作物時已經沒有農藥，但在藥物完全揮發前，這些農作物也有可能會抵達消費者手中。

ⓒ什麼是輻射線？

自從2011年東日本大地震引起福島第一核電廠重大事故，人們對食物危險性的擔憂日益增加。

什麼是輻射能、輻射線、輻射性物質？

輻射性物質是會釋出輻射線的物質，輻射線會衝撞人體造成傷害。這就像投手（輻射性物質）投出的球（輻射線），打到打擊手（人體）造成傷害。與此相對，輻射能不是物質，而是指能夠釋出輻射線的能力。因此，所有輻射性物質皆具有輻射能。輻射性同位素、輻射性元素是輻射性物質的不同種類。

輻射線的種類

那麼，衝撞人體造成傷害的輻射線是什麼呢？輻射線有許多種類，但主要是 α 射線、β 射線、γ 射線、中子射線。所有射線都有不同名稱，但說白了都是高速飛行的微粒子束。射線具有高能量，會對人體造成傷害。

α 射線：高速飛行的氦He原子核，可用紙、皮膚阻擋。

β 射線：高速飛行的電子，可用厚數mm～1cm的塑膠板阻擋

γ 射線：不是微粒子而是電磁波，具有高於X射線的能量，難以遮蔽，可用厚10cm的鉛板阻擋。

中子射線：高速飛行的中子，難以遮蔽，可用厚1m以上的鉛板或大量的水阻擋。

⒟輻射線的安全性

　　關於輻射線的強弱有許多指標，由於太過複雜，有時不知道該參考哪種指標。

輻射線的指標

貝克勒（Becquerel）：每秒釋出的輻射線個數。與輻射線的種類、能量無關。

戈雷（Gray）：描述身體的吸收量。與輻射線的種類無關。

西弗（Sievert）：從身體吸收的能量與輻射線種類，估計對人體影響的指標。

　　由上可知，想要瞭解輻射線的影響，可選擇西弗作為參考，單位通常使用微西弗（μSv）。曝露量與傷害的關係如右圖所示。

輻射線的安全性

　　一般消費者對輻射線最擔心的是，眼前的食材沒有問題嗎？關於這個問題，相關當局已有嚴格把關，符合管制的食物沒有問題。

在我們身邊的輻射線

　　地球內部進行著原子核反應，釋出的輻射線常存在於大氣中。不僅如此，建構身體的碳、鉀，也會發生原子核反應，在體內釋出 β 射線。

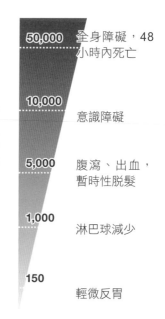

50,000　全身障礙，48 小時內死亡

10,000　意識障礙

5,000　腹瀉、出血，暫時性脫髮

1,000　淋巴球減少

150　輕微反胃

■輻射線曝露量與對人體造成的影響

日本兵庫縣的有馬溫泉、鳥取縣的三朝溫泉以鐳溫泉聞名，鐳溫泉是會釋出輻射線的溫泉。有一種說法是輻射激效（Radiation Hormesis），意指「短時間大量照射輻射線有危險，但長時間少量沐浴輻射線有助於健康」，相當於晚餐後小酌的概念。然而，這並未經過醫學證實，後果請自行負責。

知識面面觀MEMO

輻射線與馬鈴薯的芽

馬鈴薯的芽、未成熟馬鈴薯的皮，含有名為茄鹼（solanine）的毒素，曾有起事故是學童煮食學校菜園種植的小馬鈴薯而引起中毒。

為防止馬鈴薯發芽會使用輻射線。原子爐產生特別的（同位素）鈷^{60}Co，會釋出 β 射線變成鎳同位素^{60}Ni。^{60}Ni會釋出 γ 射線，用 γ 射線照射馬鈴薯可抑制其發芽。這是輻射線和平使用的例子之一。

北海道士幌町農業協同公會照射中心，進行防止發芽、殺菌用的輻射線照射。國連食糧農業機構、國際核能機構等皆發表了安全宣言。

1-5 有毒的食物

　　食物的種類多到無法計數，但令人遺憾的是，當中也有會對身體造成危害的東西。雖然只要不食用這類食物就好，不過也有河豚等這種雖然有毒卻很美味的矛盾食物。

Ⓐ毒有強弱之分

　　所有食材多多少少都具有危害性，蔗糖攝取過多可能引發糖尿病，米飯吃過量可能為代謝症候群所擾。在美國的飲水比賽上，也曾有人過度飲水而「水中毒」身亡。然而，沒有人會說砂糖、水是有害物質。

致死劑量

　　有害、有毒會根據攝取的量而不同，下表舉出了有毒程度與攝取量的關係。毒物是指少量就會危害人類性命的物質。

　　致死劑量是描述毒物強度的指標。致死劑量有許多種類，比較正確的指標是50％致死劑量LD_{50}。

　　測量方式為對多數檢體（老鼠等）緩慢增加毒物劑量，定義半數檢體死亡時的毒物劑量為LD_{50}，數值愈小，毒性愈強。

　　LD_{50}是以每公斤體重表示，體重60公斤的成人需要該值的60倍。

■主要毒物的致死劑量排名

名次	毒物名稱	LD$_{50}$（μg/kg）	來源
1	肉毒桿菌毒素	0.0003	微生物
2	破傷風毒素（tetanus toxin）	0.002	微生物
3	蓖麻毒素	0.1	植物（蓖麻）
4	沙海葵毒素	0.5	微生物
5	河豚毒素（TTX）	10	動物（河豚）／微生物
6	VX	15	化學合成
7	烏頭鹼	120	植物（烏頭）
8	沙林（毒氣）	420	化學合成
9	尼古丁	7,000	植物（菸草）
10	氰酸鉀	10,000	KCN

毒的排名

　　上面的圖表是以LD$_{50}$的順序，排名出常見的毒物，值得注意的是，最毒的兩種物質都是細菌釋出的毒素。肉毒桿菌毒素是以肉毒桿菌食物中毒聞名的肉毒桿菌所分泌的毒素。

　　由表中看來，香菸中的尼古丁比常聽聞的氰酸鉀（正式名為氰化鉀）KCN還要毒，很意外吧。不過，這些數值畢竟是對應檢體（老鼠等），在人類身上可能會有不同的結果。

知識面面觀MEMO

低分子毒與蛋白毒

　　毒有許許多多的種類，可粗略分為兩大類：低分子毒與蛋白毒。低分子毒是指，如河豚毒、烏頭毒等一般化學物質引起的毒。這類毒能夠承受高溫，難以無毒化。

　　與此相對，蛋白毒是指蛋白質引起的毒。因為本身是蛋白質，可加熱或者用酸、酒精處理來無毒化。蛇類、昆蟲具有的毒素多是蛋白毒。

Ⓑ引起食物中毒的動物性食物

　　在河豚類、海岸魚、貝類當中，存在不少是平時可食用、但會因處理不當或者季節因素引起食物中毒的生物（食材）。這小節就來看含有毒素成分的動物性食物。

河豚毒

劇毒的月尾兔頭魨（毒鯖河豚）。

無毒的克氏兔頭魨（黑鯖河豚）。

　　河豚含有劇毒的河豚毒素，料理時需要充分注意。然而，日本的河豚調理師執照受到條例規範，執業時需要證照才能提供河豚料理，但有些縣沒有相關考取執照的考試。

　　河豚有許多種類，毒性程度各不相同。專家表示，箱魨（Ostraciidae）、兔頭魨（Lagocephalus）無毒，但箱魨的皮含有弱毒素。另外，月尾兔頭魨全身帶有劇毒，外行人很難與

兔頭魨辨別。紅鰭東方魨（Takifugurubripes）的皮、身、骨頭沒有毒，僅食用這些部位，就是安全美味的食物。

河豚類的毒不是河豚自己合成，而是浮游生物等藻類生成，經由食物鏈進入河豚體內。因此，沒有機會吃進有毒餌食的養殖河豚，是沒有毒性的。

然而，若將養殖河豚與天然河豚置於同一水槽，毒素會轉移至養殖河豚，有一種說法是，因為天然河豚體內生成毒素的微生物，轉移至了養殖河豚身上。

珊瑚礁的魚

一些棲息於珊瑚礁的魚類、海葵等，具有沙海葵毒素（palytoxin）、雪卡藻毒素（ciguatoxin）等致命劇毒。這些毒素是由第一生產者（藻類）生成，經由食物鏈進入魚貝類體內。

然而，受到海水暖化的影響，棲息於日本本州近海的魚，極少數也變得帶有毒性。海岸釣魚中有名的石鯛，就是其中一個例子。石鯛的毒輕則造成肌肉劇痛，重則可能危及性命。從以前就相傳日本鸚鯉（Calotomus japonicus）的內臟具有毒性，也是同樣的情況。

貝毒

貝類會根據季節、時期帶有毒性，毒性通常是貝毒或海洋生物毒素（marine toxin），但有時也會混雜河豚毒素等多種毒物。這些毒素都是經由食物鏈進入貝類體內。

雖然這些毒素經過一定的時間後會變成無毒，但該時間的

長短因貝類而異。一般來說，扇貝、地中海貽貝的帶毒時間較長，牡蠣的帶毒時間較短。

牡蠣。貝毒跟諾羅病毒（Norovirus）不同，即便加熱也無法去除。

地中海貽貝別名為淡菜（moule），是地中海料理常見的食材。

©引起食物中毒的植物性食品

日本每年春天都會發生野菜誤食的食物中毒，秋天則是發生菇類誤食的食物中毒。

烏頭（誤為鵝掌草而食用）

烏頭是開出紫色花朵的美麗野草，但從根到花皆含有劇毒的烏頭鹼（aconitine）。除了食用會中毒，烏頭鹼也會從傷口進入體內，需要小心注意。愛奴族舉辦熊靈祭時，會在射殺小

劇毒的烏頭。

葉子酷似烏頭鹼的鵝掌草。

熊的弓箭上塗抹烏頭鹼的汁液。另一方面，無頭鹼在中藥上也可當作強心劑使用。

烏頭葉帶有明顯的缺刻、形似手掌，跟常見山菜的鵝掌草極為相似。因此，在生長鵝掌草的初春，常出現誤食烏頭的食物中毒。

鵝掌草（二輪草）如同其名，葉子根部（葉柄）長出二朵白花，選擇長有這種花的來食用，就不會發生誤食的情況。

水仙（誤為韭菜）

社會上經常發生將水仙葉子誤為韭菜的食物中毒，也曾發生過業者搞混販售的案例。水仙的葉子不具有如韭菜的獨特味道，料理時可注意一下氣味。水仙的毒是石蒜鹼（lycorine），這種毒素也含於石蒜當中。

園藝植物水仙的葉子帶有毒素。

餃子、炒菜、火鍋常會用到的韭菜。

秋水仙（誤為茖蔥）
天仙子（誤為蜂斗菜、楤木芽）

搞混山菜與毒草的例子很多，例如：茖蔥與秋水仙的誤食，蜂斗菜、楤木芽（Aralia elata）與天仙子的誤食等，兩者

都是會危及性命的食物中毒，需要小心注意。秋水仙的毒是石蒜鹼，天仙子的毒是顛茄鹼（atropine），顛茄鹼具有擴張瞳孔的作用，過去曾作為眼科藥劑使用。

菇蕈類

日本野生的菇類約有5000～6000種，僅約有三分之一的1800種具有學名，當中可食用的約有700種，被認定為毒菇的約有100種。

換言之，有許多未知的毒菇，其中也有像杉平菇過去認為可食用，但其實是毒菇的例子。

毒菇與食用菇類難以辨別，曾經發生過在超市、休息區販售毒菇的事例，即便是專家也會搞混。民間傳承中有幾種區分毒菇的方法，但據說全都不正確。除了向值得信賴的店家、販商購買菇蕈類，沒有其他有效的應對方式。

過去認為可食用且受到喜愛的杉平菇。

亞黑紅菇酷似黑紅菇、普通菇蕈類，需要小心注意。

Ⓓ是否有將劇毒轉為無毒的方法？

降低與有毒物質的接觸可避免中毒，但有些鮮味獨特的食

材，花點心力與時間即可去除毒性，轉為可食用的食物。

河豚卵

在日本石川縣加賀地區，會用米糠醃漬劇毒的虎河豚卵巢。方法是先用鹽醃漬卵巢半年以上，去除鹽分後再用米糠醃漬1年以上，是在車站商店就能買到的特產。不過，為什麼劇毒的河豚毒素能夠無毒化？目前還不曉得其中的機制。

鹽漬菇類

據說某種毒菇在秋天採收後用鹽醃漬，到隔年的夏天再去除鹽分就能夠食用。然而，這種方法並未獲得學術、醫學界證實，後果要自行負責。

知識面面觀MEMO

劇毒蓖麻毒素與蓖麻油的關係

在38頁的毒物排行榜中，第三名是蓖麻毒素。這種毒素含於蓖麻植物的種籽中。蓖麻因花朵美麗而常用於插花，種籽也像是迷你鵪鶉蛋一樣，具有瑰麗的花紋。

最令人感到意外的是，其種籽能夠採集蓖麻油。蓖麻油除了當作胃腸藥，也會作為機械油使用，全球每年生產130萬公噸。然而，採油後的殘渣含有劇毒的蓖麻毒素。這樣聽起來似乎非常危險，但蓖麻毒素為蛋白毒，採集蓖麻油時會焙煎種籽，蓖麻毒素會因熱變性而失去毒性。然而，加工過程中可能發生焙煎不完全的情況，所以建議懷孕婦女不要使用蓖麻油。

第2章

加工的科學

在料理的食材中，例如火腿、雞蛋等是直接使用的食材，也有像魚、竹筍等需要處理的食材。即便是每天食用的米飯，炊煮前也得淘洗一番。

料理的事前處理是從洗淨食材開始，視需要增加去除澀味、脫水等步驟。接著，切斷處理完的食材，根據情況進行磨碎、混勻、揉和等作業，再以加熱等方式來調理。

料理的事前處理，在科學上具有什麼樣的意義呢？

2-1 洗淨的意義

食物會進入人體，所以必須是未受汙染的乾淨物質。

料理之前，我們會先除去食物上的髒汙。具體來說就是洗淨，洗去附著於食物的髒汙，以乾淨美麗的食材來調理，這是料理從事者的基本。

Ⓐ洗淨的意義

最近對洗淨的要求，已經不再只是單純地洗去髒汙。食物上可能殘留農藥、收成後農藥等，除去這些物質也是洗淨的重要功用。

然而，洗淨除了有這類正面的效果，同時也有流失水溶性維生素B、C等水溶性養分的負面效果。重要的是，不要一味地長時間沖洗，要快速有效地清洗。

另外，用來清洗的水也很重要，選用自來水還是鹽水來沖洗，會影響細胞的滲透壓。

Ⓑ細胞膜的結構與性質

人的身體是由細胞組成。除了雞蛋等例外情況，細胞通常是肉眼無法觀察的微小物質。細胞如同塞滿內容物的袋子，這個袋子就相當於**細胞膜**。

細胞膜是特殊的膜，水等小分子能夠通過，但砂糖等大分

子、食鹽（氯化鈉）NaCl等離子性物質無法通過。像這樣根據分子種類決定通過與否的膜，稱為**半透膜**。細胞膜是典型的半透膜。

肥皂與中性清潔劑

清理調理器具時會使用清潔劑，我們常認為「清潔劑相當於肥皂」，而廚房使用的多為中性清潔劑。

肥皂與中性清潔劑不同。肥皂是脂肪酸的鈉鹽，屬於鹽基性（鹼性）物質，而鹽基能夠溶解蛋白質。使用肥皂後手會感覺滑滑的，是因為手的皮膚角質被溶解。

中性清潔劑則是硫酸衍生物的鈉鹽，如同其名為中性。以前，中性清潔劑含有磷酸衍生物，會成為浮游生物的肥料，引起紅潮等環境問題。然而，現今的中性清潔劑已經解決這類問題。

ⓒ什麼是滲透壓？

下圖是以半透膜分隔兩個空間，其中一邊A裝入溶解適當物質的溶液，另一邊B裝入純水。起初兩空間的水面高度相同，但B的純水會往A移動，最後A的水面會比B還要高。

假設對A施加壓力Ⅱ降低水面，將純水推回B，使兩邊水面恢復原本的高度，此時的壓力Ⅱ就稱為**滲透壓**。

滲透壓的大小跟溶解於A的物質種類無關，無論是砂糖還是鹽都相同。滲透壓跟濃度（正確來說是莫耳濃度）與溫度（絕對溫度＝攝氏溫度＋273度）成正相關。

簡單來說，高濃度溶液（A）和低濃度溶液（B）以半透膜相隔時，純水會由B往A移動。

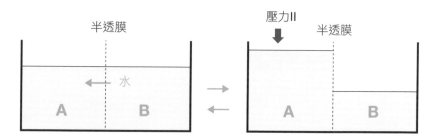

■ 滲透壓的機制

ⓓ洗淨與滲透壓的關係

將魚的切塊拿到自來水下清洗時，切塊中充滿體液為高濃度（相當於上面的A），自來水的濃度為0（相當於上面的B），兩者隔著細胞膜，水當然會跑進切塊（A）當中。結果，魚身吸水膨脹帶有自來水味，破壞了原有的風味。由此可見，生魚片等切成薄片的魚肉，用自來水清洗，味道會變得不好。

清洗牡蠣時，使用自來水也會發生同樣的情況。根據實驗結果，會有相當於牡蠣重量25％的水進入牡蠣中。遇到這種情形，不能使用自來水，而要用跟牡蠣、魚肉相同濃度，也就是海水濃度（約3％）的鹽水清洗。

在蔬菜上塗抹鹽會發生什麼事情？答案是發生跟魚塊、牡蠣相反的現象，蔬菜的水分會跑出細胞，造成蔬菜出水縮小。這是醃漬的原理，正如同日本諺語「青菜上灑鹽（萎靡不振）」的比喻一樣。同理，在魚上灑鹽，魚的水分會跑出來。如大家所知，這樣能夠除去帶有腥味的水分，可用於魚的料理前處理。

將真鯛、比目魚、鱸魚等魚肉，用昆布包裹起來的「昆布醃漬」，就是讓昆布吸取魚的水分，同時使昆布的鮮味滲透到魚肉裡面。如此一來，可增加魚肉的彈力，並增進鮮味。這種做法尤其適合味道清淡的白肉魚。

知識面面觀MEMO

什麼是莫耳濃度？

分子具有大小之分，其真面目是粒子。因為是粒子，所以能夠1個、2個來計數。龐大個數的$6×10^{23}$個聚集起來稱為1莫耳（mole），這跟12枝鉛筆、12罐啤酒為1打是同樣的概念。即便數量同樣為1打，鉛筆會比啤酒還要輕。1莫耳分子的重量稱為分子量。

莫耳濃度是指，1公升的溶液中溶解的分子莫耳數。1莫耳的食鹽（分子量58.5）和1莫耳的砂糖（分子量342），重量相差了6倍。換言之，溶解同樣重量食鹽和砂糖的溶液，食鹽水的滲透壓是砂糖6倍。

2-2 去除澀味與撈掉浮沫

　　山菜等植物，在食用前得浸泡清水或者去除澀味，在燉煮菜餚、烹煮火鍋時需要撈掉浮沫。為什麼要進行這些步驟呢？

Ⓐ浸泡清水：泡水洗去有害成分

　　根據食材的不同，食用之前有些必須長時間浸泡清水或者流水。這是因為食材可能含有水溶性有害成分。

　　石蒜含有石蒜鹼毒素，但本身不會產生種籽，是需要人為分根種植才會繁衍的植物。過去，日本村落種植石蒜的理由很多，據說其中之一是可作為預防饑荒的救荒作物。

　　石蒜的根含有石蒜鹼毒素，沒有人會採來食用。不過，石蒜鹼為水溶性，仔細用水清洗就能去除毒性。當糧食快要見底，人們會把石蒜根充分浸泡清水來救急。

　　蘇鐵、櫪果也同樣是救荒作物。

Ⓑ去除澀味：以鹼液分解有害成分

　　去除澀味是指，將蔬菜浸泡鹼液的處理。鹼液是將植物燃燒剩餘的灰溶於水中的上澄液。

　　調理蕨菜時，最能顯現去除澀味的有用性。蕨菜含有名為原蕨苷（ptaquiloside）的毒素。放牧的牛隻誤食蕨菜，會排出血尿昏迷，就是因為原蕨苷的緣故。

　　人類也可能會發生同樣的症狀。然而，原蕨苷可怕之處還

不僅如此。血尿僅是暫時性的症狀，經過救治處置後就能治癒，但原蕨苷毒跟花生黴菌含有的黃麴毒素（aflatoxin），同樣具有高致癌性。

然而，我們不會直接食用從山上採摘的蕨菜，可能是過於苦澀而難以下嚥吧，食用前一定會先去除澀味。鹼液如同前述是鹼性，能夠快速水解原蕨苷，使其失去毒性。我們可不能輕視這道步驟，認為：「去除澀味只不過是傳統的舊習。」

■去除蕨菜的澀味

將洗淨的蕨菜塗滿草木灰。

注入能夠完全浸泡蕨菜的熱水。

蓋上蓋子，靜置半天左右。

最後再用流水清洗，去除澀味。

ⓒ撈掉浮沫：使菜餚保持美觀

烹煮火鍋、燉煮菜餚時，需要撈掉浮沫。這個浮沫是什麼東西呢？

燉煮產生的浮沫，來自食材的水溶性成分溶出後，經由熱變性凝固的物質。植物性食材是植物性蛋白質、部分植物纖維，動物性食材是血液、淋巴液等的固化物。在歐美地區，血液本身會當作香腸等的食材利用。不管是哪種情況，只要食材經過充分事前處理，去除掉髒汙、有害成分，就不會產生問題。

換言之，就有害性的觀點來說，浮沫本身沒有危害，不一定要撈掉；就營養的觀點來說，不如說撈掉反而浪費。

然而，從「外觀」和「風味」的觀點來看，則是另一回事。浮沫本身帶有雜味，撈掉後能夠顯現「清爽細緻」的風味；留下來會呈現「濃郁深醇」的味道。採取哪種做法是個人喜好的問題。就外觀來講，撈掉會比較好，帶有褐色雜質的浮沫，與食材形態、色澤清爽澄淨，哪一種比較引人食慾，高下立見。

燉煮菜餚、烹煮火鍋等，牛肉、豬肉會釋出大量的浮沫。雖然浮沫本身沒有危害，在營養學上甚至是有益的，但大量的浮沫會讓人食慾大減。外觀也是料理的關鍵要素。

血腸

在擁有狩獵民族歷史的歐美地區，動物的血液也是重要的食材。1頭羊的血液可製成家族好幾天分的食物。最常聽聞的血液料理是血液的香腸──「血腸」。

這種食品是在絞肉中混合血液，塞進腸子中烹煮。雖然外觀漆黑，但味道相當清淡。血腸不是亞洲大眾食物，但市面上有在販售進口品，也有少數本地製品。

在歐洲地區，自古農家就有每年宰殺飼養豬隻，絞碎做成手工香腸的習俗。生產香腸的最後，一定會製作混合豬血的血腸。由此可見，血液的營養價值受到極高的評價。

知識面面觀MEMO

豆乳鍋的浮沫

許多家庭會在冬天烹煮豆乳鍋。以豆乳汁（豆漿）代替高湯，放入跟什錦鍋同樣的食材燉煮，然後從燉物開始享用。

不過，有些人會對這種火鍋不斷冒出浮沫感到困擾。遇到這個問題的人，大多是在鍋內加入味噌、醬油等調味。然而，這些浮沫不是雜質，而是豆腐。如64頁所述，在豆漿中加入鹽等離子性化合物，會發生鹽析反應產生豆腐。

若不想要豆乳鍋一直冒出浮沫，別在鍋內加入調味料，另取小碟子倒入柚子醋等，取出食材沾著吃即可。

2-3 切斷分割

　　洗淨食材，去除澀味、有害成分後，接著要做的是，將食材切割成適合料理菜餚的大小。

Ⓐ切割

　　切割是指切開、分割食材，在料理上大多是使用菜刀。

　　分割指的是將物體一分為二，由細胞組成的食材，可切斷細胞。在植物細胞的細胞膜外側，存在由纖維素構成的堅固細胞壁。

細胞的破壞

　　切斷「塞滿內容物的細胞膜袋子」時，細胞「內容物」的液體會滲漏出來。這是無可避免的。

　　問題在於溢出的細胞液量。以銳利刀具切割時，僅有接觸到菜刀的細胞會被切斷，但若是用鈍刀切割，多數細胞會被壓爛，溢出大量內容物、細胞液。

　　這樣會讓食物的口感、風味變差，保存性也變得不佳。確保菜刀的鋒利度，可說是料理人重要的準備工作，為此需要勤奮地磨刀。近來，市面上推出各式各樣簡易的磨刀器，料理台上準備好自己容易使用的工具，是料理人對食材應有的禮儀和態度。

切斷的方向

　　植物有運送水分和養分的維管束，成束的維管束一般稱為筋或纖維。切割蔬菜的方式，分為切斷纖維和保留纖維。

　　若考慮到容易消化，將植物切成橫切面，切短纖維會比較好。若想要享受「咔嚓咔嚓」的咬感，欣賞例如長蔥的纖細姿態，則要順著纖維方向、縱向切割植物體。

　　如果食物是動物性肉類，肌肉是裝在名為肌鞘（肌膜）、由肌纖維組成的細長袋子。肌鞘是沿著動物體的縱長方向分布，所以橫切肉塊、切斷肌鞘的切法，咀嚼感較佳，容易進食。魚的切塊、生切片都是依這個方向來切割。

　　然而，鮪魚的腹肉，即便切斷肌鞘仍會殘留筋膜。一流的日本料亭（高級餐廳）會使用鑷子挑掉筋膜，但相對地「價位」當然比較高。

Ⓑ魚的切割方式

　　日本人有很長一段時間，主要是從海鮮類攝取動物性蛋白質。因此，在魚類料理方面，日本有著獨特的優越技術。魚的處理方式和切割方式也有令人驚豔的技術。

　　料理魚時，首先要分開魚肉和骨頭。切割方法有下面幾種：

三片切法

　　最為基本的切割方式，這種切法是將1尾魚以大骨（背骨）為界線，分成2片側身和大骨共3片。切下來的魚肉部分稱為側肉或者半身。

大名切法

　　鱓魚、鰄魚等身體細長的圓身魚，難以避開大骨，有時可沿著大骨的寬度直接切開魚肉。這種切法的大骨部分會殘留較多的魚肉，相當浪費，故稱為大名切法。

觀音開切

　　鰈魚、鮃魚等扁身魚難以從頭部的魚鰭入刀，所以會沿著魚身後側邊的中骨切入，向前碰到魚鰭後再沿著骨頭切開。由於形似供奉觀音神龕門扉打開的樣子，故稱為觀音開切。

剖開

　　曬乾竹莢魚、鯖魚時，會從腹部入刀沿著中骨切開，但背側不切開。關東和關西的鰻魚剖開方式不同，關西的鰻魚剖法跟竹莢魚相同，但在關東是從背部剖開。據說，這是因為忌諱腹部剖開令人聯想到切腹，但關西過去應該也有很多武士……。

　　製作鮭魚的鹽漬品時，北海道的荒卷鮭魚是從下顎直接沿直線切到肛門。然而，在以鮭魚文化著稱的新潟縣，村上市的鹽漬鮭魚會留下中間的腹鰭部位，切開該部位的上下兩處，以避免切腹的聯想。村上市就是過去的村上藩*。

*編按：在江戶時代，全村上藩有悲壯的戰敗切腹歷史。

■三片切法

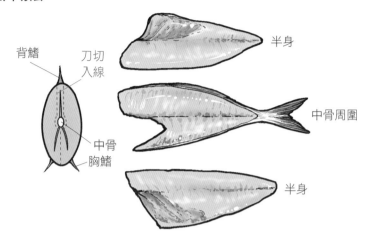

背鰭　刀切入線

半身

中骨周圍

中骨　胸鰭

半身

■大名切法

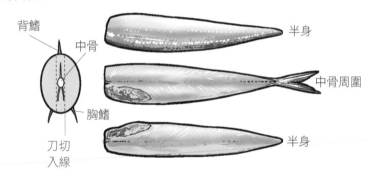

背鰭　中骨

半身

中骨周圍

胸鰭

刀切入線

半身

■觀音開切

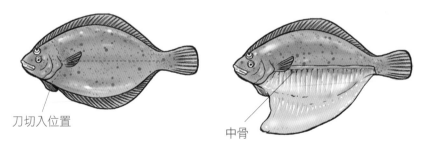

刀切入位置

中骨

ⓒ剪斷、磨碎

用來切斷食材的工具，除了刀具還有其他工具。

剪斷

用料理剪刀切斷食材，稱為剪斷。料理剪刀是將食材夾於兩片金屬間壓切的工具，比起用菜刀切割，剪刀會傷害較多細胞。不用料理剪刀來處理生魚片，就是因為這個理由。流出細胞液而濕答答的東西，不能稱為生魚片，僅能說是碎魚肉。

磨碎

磨碎山葵、白蘿蔔等，是將食材弄碎，在破壞植物體結構的同時，也會破壞細胞。

白蘿蔔切絲並不會完全破壞細胞，溢出的細胞液量有限。然而，白蘿蔔泥使用的磨碎器，不僅會破壞接觸面的細胞，也會擠壓破壞周圍的細胞。

白蘿蔔經由磨碎破壞細胞，溢出辛嗆成分異硫氰酸酯（Isothiocyanate）。若緩慢溫和地磨碎白蘿蔔，細胞遭破壞的情況較輕微，溢出的異硫氰酸酯量少，味道不怎麼辛嗆。然而，若是用力快速磨碎，細胞被破壞的情況就會比較嚴重。日本人常說「急性子磨的白蘿蔔泥比較辛嗆」，就是這個原因。

刀具的刀刃與切法

　　以刀具切割東西的方式，分為往後方拉的「拉切」，與向下壓的「壓切」。

　　使用刀具切斷食材時，要將刀刃抵住物體向下施力。然而，這樣會使柔軟的食材變形。有鑑於此，在切割生魚片等柔軟食物時，應將刀具往後拉來切割。如此一來，刀刃的接觸面會隨著往後拉而愈來愈薄，刀身不會緊貼魚肉，變得容易切割。

　　然而，遇到如蔬菜等具有堅硬纖維的食物，則需要向下壓的力量，而且力道逐漸增強會比較有效果。另外，在切斷魚的背骨時也需要刀具的重量，出刃包丁（殺魚刀）即為此應運而生。

　　日式刀具的種類不可勝數，但可粗分為切菜刀等薄刃刀具和出刃包丁等厚刃刀具，以及雙面刃刀具和單面刃刀具。

　　雙面刃刀具有刀刃兩側推開物體的功用，想要將馬鈴薯切成兩半時，適合使用雙面刃的切菜刀。然而，切割生魚片時，需要將切下來的魚片捎起備用，並使剩餘部分不變形，此時單面刃刀具比較有利。

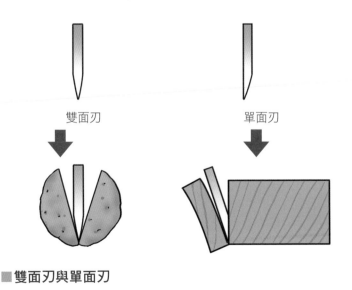

雙面刃　　　　　　　　單面刃

■**雙面刃與單面刃**

Ⓓ研磨、搗碎

研磨、搗碎是將食物轉為最細緻微粒的操作。

研磨

用臼將小麥或蕎麥等顆粒研磨成粉粒狀，是粉碎的一種。這種粉碎是將顆粒置於兩板之間摩擦碾壓的操作，只需要快速磨擦具有適當摩擦係數的硬板，再把顆粒倒入其中就行了。

然而，不同的食材未必都能如此簡單操作，還需要注意風味是否會因此變調。使用薄硬、熱傳導率高的金屬板，板子和顆粒的摩擦會造成板子溫度上升。結果，顆粒（穀類）澱粉被加熱，整個風味會變質走樣。

因此，現在有所改進，改用不注重效率，又厚又大，熱導率又差的石臼。緩慢推轉石臼研磨蕎麥粉，以這種粉打出來的蕎麥麵，客人都讚不絕口。當然推轉石臼研磨的是人，而不是馬達。

搗碎

搗碎的操作是利用敲打動作，粉碎食材。九州的蟹漬是一種鹽漬品，將小螃蟹（招潮蟹）置入臼中用杵搗碎，再用鹽醃漬。

「搗」年糕是將細胞膜粉碎，使細胞內的澱粉跑到細胞外，再充分拌和。如此一來，支鏈澱粉會纏繞在一起，形成黏稠狀。

2-4 溶解與混合的不同

　　料理會混合多種食材，例如：將砂糖溶進醬油中，再加入食醋作成三杯醋；用冷水溶入麵粉，作成麵糊。

　　在料理上，三杯醋、麵糊兩者都稱為混合，然而兩者是完全不同的操作，砂糖、食醋會「溶」於水中，但麵粉不是「溶」於水中，僅是和水混合在一起。

Ⓐ什麼是溶解？

　　物質分為可溶於水，與不溶於水兩種不同性質。

溶劑合

　　以砂糖溶於水為例，溶解是指被溶解物（**溶質**＝砂糖）的各分子分散開來，水或其他液體（**溶劑**＝水）包圍在溶質分子周圍的現象（**溶劑合**，溶劑為水時稱為水和）。

　　變成這樣狀態的過程稱為**溶解**，溶解完成的液體稱為**溶液**，一般為透明無色，或有其他顏色。溶液無論放置多久，溶質與溶液都不會分離。

■溶液的結構

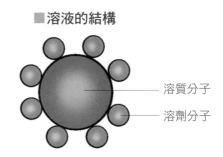

溶質分子

溶劑分子

相似物質可互溶

　　一般來說，相似的物質間彼此能夠溶合。食鹽是由Na^+和Cl^-帶正負電荷的成分（離子）組合而成，水H-O-H是H帶正電荷、O帶負電荷的離子性物質。就這個意義來說，兩者可說是相似物質。

　　然而，奶油或油的分子結構跟水沒有相似點，所以沒有辦法溶於水中。我們常會說金Au不溶於任何物質，但這並不正確。液態金屬水銀Hg會在室溫下熔化，形成名為汞齊的泥狀汞合金，金可溶於汞形成「金汞齊」。換言之，金也可溶於相似物質中。

知識面面觀MEMO

溶入氣體的飲料

　　炎炎夏日，魚缸裡的金魚將口伸出水面，一張一合地吸進空氣。這絕對不是在慵懶打哈欠，而是因為水中氧氣變少，拚命在呼吸。

　　氣體也能夠溶於液體，可樂等碳酸飲料就是加壓讓二氧化碳CO_2溶入水中。因此，打開飲料瓶後壓力下降，二氧化碳會變成氣泡噴出。

Ⓑ混合與溶解的不同

　　那麼，麵粉的情況如何呢？將麵粉放到顯微鏡下觀察，可看見團塊的超巨大粒子。團塊中聚集了許多巨大的澱粉分子，而非一個個澱粉分子分開的狀態。

　　因此，麵粉溶於水的液體，雖然一般會稱為麵粉「水溶

液」，但嚴格來講，不是「溶液」而是「混合物」。證據就是，麵粉溶於水的「液體」長時間放置後，會分離成沉澱的澱粉與透明的上澄液。

ⓒ什麼是和麵？

和麵等處理，除了單純混合食材，還會施加壓力使細胞內的液體滲出，以液體為黏稠劑，將食材集結成團塊。

此項過程會影響麵類的「嚼勁」。烏龍麵的原料是麵粉加水揉合，讓麵粉中蛋白質的麩質變得黏稠，增加其網狀結構。這個網狀結構會讓麵條產生嚼勁。

此外，水煮麵類時加入的鹽，僅是用來調味，跟增進嚼勁沒有關係。

知識面面觀MEMO

麵粉結塊

麵粉、太白粉溶於水時，同樣都不會溶解，一部分會變成「結塊」殘留下來。澱粉和水混合後，水分子會滲入粉中，包圍在澱粉粒的周圍。這是一般所謂的溶解狀態，但若攪拌得不充分，澱粉粒會殘留成大集合體，裡頭的粒子不會接觸到水。這就是結塊的真面目。

這樣直接加熱，僅有結塊表面的澱粉會糊化，水變得無法進入內部。為了避免形成結塊，必須先充分攪拌，再靜置一段時間，等待水滲透進入澱粉粒中再使用。

2-5 牛乳和美乃滋是膠體

一般來說，脂肪和蛋白質不溶於水。然而，牛乳卻可「溶解」脂肪和蛋白質。牛乳是不透明的，只要沒有腐敗或加入酸性物質，液體就不會分離。豆漿也是如此。

這類物質通常稱為**膠體**（溶液），我們可將許多食材都想作是膠體。

Ⓐ膠體與溶液的不同

膠體可看作溶液（雖然實際上不是），存在被溶解物和溶解物。正確來說，膠體不稱為「溶解」而稱為「分散」，被溶解物、溶解物分別稱為膠體粒子和分散劑（分散媒）。

在溶液中，被溶解物（溶質）是一個個分子分開，但膠體卻不是如此。膠體粒子是數千個分子聚集成的集團。溶於水中的麵粉也是巨大集團，最後會沉澱在底部，但膠體卻不會發生沉澱。為什麼膠體不會沉澱呢？

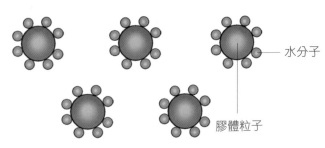

水分子

膠體粒子

■膠體的結構

Ⓑ膠體粒子不會沉澱的原因

這跟粒子帶電有關，膠體粒子的表面帶有正電荷、負電荷。換言之，有些膠體是整個粒子表面帶正電荷或者負電荷。結果，粒子間靜電排斥，無法聚集起來，也就沒辦法集結沉澱。另外，膠體粒子間插進了分散劑的水分子，這也阻止了粒子的集合和凝析。

Ⓒ膠體有哪些種類？

膠體有許多種類，最多的是分散劑為液體的物質。牛乳和美乃滋等跟料理相關的東西，大多都是膠體粒子，分散劑皆為液體。不過，一般沾醬放置後會分離，所以不能說是膠體。

奶油或人造奶油等的膠體粒子是固化的脂肪和蛋白質；分散劑是液化的脂肪、蛋白質。

也有分散劑為固體的膠體，例如麵包。麵包的膠體粒子是空氣（氣泡），分散劑是澱粉。

以這種方式思考，大部分的食材都可想作是膠體。

Ⓓ為什麼豆漿會變成豆腐？

不過，膠體當中也有膠體粒子會沉澱的種類。我們會利用此現象製作重要的食物。

膠體加入食鹽、滷水（苦滷、鹽滷）等離子性物質後，膠體粒子便會沉澱。離子性物質會奪走膠體粒子周圍的水分子，造成膠體粒子相互吸附成塊並沉澱。這個過程稱為鹽析，豆

腐、蒟蒻等便是利用鹽析製成的食品。

　　豆腐是蛋白質膠體的豆漿，加入氯化鎂（滷水）$MgCl_2$等鹽，鹽析產生的食物。牛乳或鮮奶油加入鹽或醋，作成奶油、起司等，也是鹽析的一種應用。

寶石也是膠體

　　我們周遭的物質大多具有色彩，這些物質之所以有色彩的原因有很多：霓虹燈的色彩來自發光；玫瑰的紅色來自吸收光線；彩虹的七色來自光的曲折分光；吉丁蟲的羽翅顏色、熱帶魚的顏色來自光的干涉。

　　油漆是帶有色彩的固體粒子，分散於塗料中的膠體；彩色玻璃是帶有色彩的固體粒子，與固體分散劑組成的膠體。

　　紅寶石也是如此，鉻Cr等顯色粒子，分散於氧化鋁Al_2O_3的固體分散劑。煙霧呈藍灰色也是膠體造成的現象。最先研究膠體產生顏色的，是沉迷德國傍晚森林神秘色調的文豪歌德（Johann Goethe）。

第3章

加熱的科學

在料理上,「加熱」可說是最為重要的處理。燒烤、燉煮、悶蒸、水煮、油炸等處理,是料理的基本。那麼,經過這些處理後,食材會發生什麼樣的變化呢?

熱源也是形形色色,光是家庭一般常見的就有:瓦斯爐、電磁爐、IH爐、微波爐、烤箱、烤麵包機等。這些器具是根據什麼原理發熱呢?

另外,燃料則有天然氣、液化石油氣、木炭、煤炭、焦炭等。

3-1 什麼是熱？

　　料理時會使用各式各樣的調理用機器，瓦斯爐、烤麵包機、微波爐、果汁機、食物調理機、搗年糕機等，各位家裡應該都有各種廚房機器吧。發熱、轉動等，功能也是林林總總，不管是發熱還是轉動，都需要某種原動力，而這個原動力稱為**能量**。

Ⓐ熱是能量的一種嗎？

　　能量（energy）的語源為希臘文「做功的源頭（ergon）」，產生做功的有熱（蒸汽機）、電力（馬達）、光（太陽能電池）等。

　　其中，跟料理直接相關的是熱能。熱能的本質為分子運動，分子的劇烈振動是高溫的高能量狀態，靜止不動是低溫的低能量狀態。熱是分子運動的指標。

　　另外，光包含了紅外線，紅外線的能量是熱能的一種。能量的型態能夠相互轉換，在大多數情況下，會用電能來轉換成熱能。

Ⓑ紅外線會產生熱？

　　光跟電波同樣是電磁波的一種。電磁波是具有波長的波，可根據波長進一步分類，波長介於400～800nm（奈米，1nm=10^{-9}m）是我們眼睛可看見的光，也就是可見光，而波長短於此範圍的為紫外線，長於此範圍的則為紅外線。

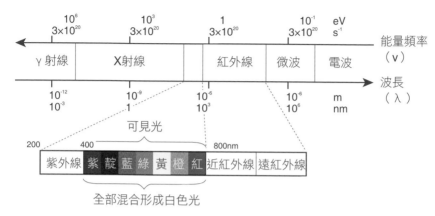

■光、電磁波的種類與波長

知識面面觀MEMO

紅外線一點都不紅

　　市場上曾經有過紅外線被爐這種商品，被爐架裝設的紅外線燈會發出紅光。

　　然而，紅外線是波長比可見光還長的光線，人的眼睛無法捕捉，更不用說看見顏色。紅外線被爐裡的紅光，是為了讓使用者感覺溫暖，特地裝設的「紅色可見光」。

　　電磁波具有能量，但跟波長成反比，也就是紫外線的能量較大，紅外線的能量較小。

　　一般來說，例如紅外線產生的「熱」有一部分是紅外線的能量。換言之，紅外線會對料理產生很大的影響。紅外線可分為兩種，接近可見光的「近紅外線」與遠離可見光的「遠紅外

線」。如大家所知，烤番薯的石頭、備長炭等，都是釋出遠紅外線。

　　由前頁的波長圖可知，遠紅外線的波長比近紅外線長，也就是說能量比較小。

ⓒ **熱的傳播方式**

　　對料理來說，關於熱，重要的是熱從熱源傳播到食材的過程。熱的傳播方式分為3種：傳導、對流與輻射。

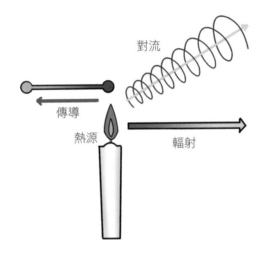

對流

傳導

熱源

輻射

■**熱的傳播方式**

傳導、對流

　　傳導是指，在鐵棒一端加熱，熱會透過物體傳遞，使另一端也變熱。這是平底鍋的熱傳至雞蛋，做出煎蛋的原理。

　　對流是指，熱源加熱空氣，經由空氣的流動將熱傳至食材，例如烤箱、麵包窯等。此傳導方式的加熱器（熱源）沒有接觸

食材，而是加熱整座窯，也就是窯中的空氣，促使空氣分子劇烈運動。窯中的空氣激烈衝撞食材，藉由衝撞能量進行加熱。

輻射

與此相對，**輻射**是熱源的熱直接傳至食材。輻射的熱能是以紅外線傳播，近紅外線與遠紅外線在傳播時會出現差異。

差異在於熱滲透食材的距離，近紅外線能夠穿透的距離有數毫米，遠紅外線則幾乎無法穿透。換言之，備長炭、烤番薯的石頭釋放的遠紅外線，沒辦法進入番薯內部，僅能加熱表面。

然而，這正是烤番薯美味的關鍵。由於以遠紅外線燒烤，表面會最先烤硬，後續則是熱傳導加熱內部，使得內部保有水分呈現濕潤，番薯本身的酵素也發揮作用，將澱粉分解為糖分，讓番薯變得又甜又美味。

藉由高溫石頭釋出的遠紅外線，烤出鬆軟的烤番薯。

燃料與料理的關係

　　瓦斯、石油、煤炭等化石燃料，皆是碳C、氫H組成的碳水化合物，燃燒後會產生二氧化碳和水，產生的水會影響魚類料理。液化石油氣C_3H_8的火力比天然氣CH_4還強，適合用於生意、業務。

　　隔絕空氣加熱（乾餾）木材可做成木炭，乾餾煤炭會變成焦炭。兩者的碳含量皆高，是熱量高的優異燃料。尤其焦炭的火力強大，過去廣泛用於中華料理店，現在仍有老店使用焦炭製作全鱉火鍋。

　　蜂窩煤炭、豆狀煤炭，是以瀝青等成形煤炭粉的煤炭，烤肉用的豆狀煤炭中混有木炭粉。這些適合名古屋鄉土料理的鮒味噌、煮豆等，需要長時間炊煮的料理。然而，煤炭不完全燃燒會產生劇毒一氧化碳，因此使用時需要充分注意空氣流通。

過去，中華料理的調理會使用火力強大的焦炭。

現在，烤肉仍少不了木炭、人工炭。

3-2 燃燒產生的熱

料理使用的熱源林林總總，燃燒燃料的瓦斯爐、七輪烤爐，或者使用電力的IH爐、微波爐、電磁爐等，這些都被廣泛地使用。

Ⓐ燃燒產生能量

人類最初使用的熱源，應該是燃燒產生的火源。燃燒大多是利用碳C和氧O_2的化學反應，現今依舊用於七輪烤爐、瓦斯爐、石油加熱器等。

這些發熱原理說白了就是木炭的燃燒。木炭的大部分是碳C，燃燒與氧O_2反應後變成二氧化碳CO_2，並且放出熱。此時

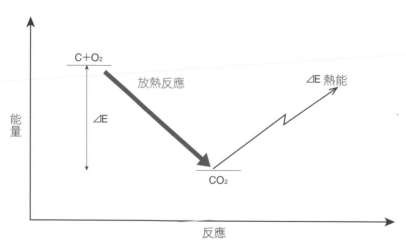

■碳燃燒的發熱原理

的反應能量△E，稱為反應熱或燃燒熱。

以能量的觀點來看，此關係如上頁圖所示。換言之，所有物質（分子）皆具有能量，帶有許多能量者稱為高能量；帶有稀少能量者稱為低能量。

C和O_2反應之前，也就是兩者獨立存在時，兩者的能量和$C+O_2$標示於左上方，而反應後產生的CO_2能量標示於圖形右下方。換言之，反應進行後，$C+O_2$會變成CO_2，多餘的能量△E則釋放到外界。

這就好像在二樓（$C+O_2$）的人跳到一樓（CO_2），因釋放的位能△E而腳部骨折，是相同的道理。這個△E是燃燒伴隨產生的熱，可用來煎牛排、煮魚。

Ⓑ天然氣和液化石油氣的能量是否不同？

現代家庭使用的「燃燒熱產生裝置」，大多是瓦斯爐、石油加熱器。這些是燃燒天然氣（甲烷CH_4）、液化石油氣（$CH_3\text{-}CH_2\text{-}CH_3$）、石油（碳氫化合物$C_nH_{2n+2}$）等的裝置。

我住的是全電化住宅，在日本，像這樣完全不使用瓦斯、石油的家庭逐漸增多，但日本目前的電力能源幾乎是仰賴天然氣、石油發電，雖然說是全電化，也並非過著與化石燃料完全無關的生活。

不只碳會燃燒產生熱

燃燒物質（燃料）會產生熱，碳C燃燒成CO_2時會釋放熱。同樣地，氫H燃燒成水H_2O時也會釋放熱。碳和氫的結合物，就是我們平常作為燃料使用的碳氫化合物。然而，碳氫化

合物類的燃料有許多種類，其含碳量會因燃料的種類而異。換言之，即便通稱為碳氫化合物，放熱量也會因燃料種類而不同。

比較相同體積的天然氣與液化石油氣

下面來比較同為碳氫化合物類氣體（燃料）的天然氣（都市瓦斯）和液化石油氣。

氣體具有重要的性質：「相同體積時，裡頭存在的分子個數相同。」根據這項原理，比較甲烷CH_4和丙烷C_3H_8，在相同體積的甲烷氣和丙烷氣中，具有相同個數的甲烷和丙烷。然而，甲烷分子僅含有1個碳，而丙烷含有3個碳；甲烷含有4個氫，而丙烷含有8個氫。換言之，燃燒後能夠放熱的原子數量為5：11，丙烷是甲烷的兩倍以上，所以燃燒相同體積的氣體時，丙烷氣產生的放熱量約是甲烷氣的兩倍以上。

然而，實際上，消費者使用的天然氣混有少量的丙烷，加上調節瓦斯爐的氣體出孔大小等，造成兩者幾乎沒有差別。不過，業務用的瓦斯爐可藉由改變出孔大小，使丙烷產生較大的放熱量。

過去使用的都市瓦斯是劇毒

現代的都市瓦斯大多是天然氣，主要成分為甲烷CH_4。然而，直到1970年代左右，日本的都市瓦斯都是「水煤氣（water gas）」。這是對加熱到1000℃以上的煤炭加水所產生的氣體，主要成分為一氧化碳CO和氫氣H_2。

$$C + H_2O \rightarrow CO + H_2$$

如大家所知，一氧化碳是劇毒。因此，當時許多人會利用都市瓦斯引起的中毒自殺。

ⓒ瓦斯產生的水蒸氣會有臭味嗎？

甲烷、丙烷等碳氫化合物是由碳和氫所組成，燃燒後碳C會變成二氧化碳CO_2，氫H會變成水H_2O、水蒸氣。因此，使用瓦斯加熱的食物會吸收水蒸氣，這同樣會發生在石油燃燒上。換言之，想要燒烤酥脆，不適合用化石燃料類的加熱器具直接加熱。

■用瓦斯火焰正確烤海苔的方式

直接火烤會吸收水蒸氣，海苔燒烤後會變濕軟。

使用網子等避免直接接觸火焰，才能烤出酥脆口感。

另外，為了讓人注意到瓦斯洩漏，瓦斯內容物會混雜臭味物質。臭味燃燒後便會消失，但有時可能運氣不好，會殘留在烹調的食物上。

二氧化碳的產生量

近來關於化石燃料的話題，是產生溫室氣體——二氧化碳。下面以石油為例來討論。

石油的分子結構為CH_3-CH_2-CH_2-…CH_2-CH_3，CH_2單位約有10個（n＝10），分子式可簡寫為$(CH_2)_n$。燃燒1分子會如下式產生n個CO_2和n個H_2O：

$$(CH_2)_n＋氧氣→nCO_2＋nH_2O$$

CH_2的分子量為14；CO_2的分子量為44，也就是燃燒14公斤（14n）的石油會產生44公斤（44n）的二氧化碳，幾乎是石油重量的3倍。10公噸輪船的石油燃燒後，會產生30萬公噸的二氧化碳。因此，抑制使用產生大量溫室氣體的化石燃料，正成為全球性的運動。

■燃燒石油會產生大量二氧化碳

14kg

石油（18公升）

CO₂
44kg

3-3 電力產生的熱

　　近年，使用電能而不利用火的加熱器具快速增加，雖然說法有些陳腔濫調，但「電熱器的時代」正逐漸到來。然而，在日本，90％的電能來自使用化石燃料的火力發電，基本上仍是利用燃燒能。

Ⓐ 電磁爐

　　這是很久以前就開始使用的爐具，發熱絲由鎳Ni、鉻Cr組成的鎳鉻絲（nichrome）構成，在電阻大的金屬絲上通電，產生焦耳熱的加熱器。鎳鉻絲也用於電熱水瓶、電鍋、烤吐司機等的熱源。

現在變得懷舊的電爐，數十年前還相當普遍。

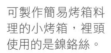
可製作簡易烤箱料理的小烤箱，裡頭使用的是鎳鉻絲。

電冰箱的原理

　　電是一種能量、熱源，除了加熱物質，也可以冷卻物質，電冰箱就是其代表例子。

　　電冰箱使用的是灑水原理。夏天的炎熱午後，在玄關前灑水後會變得涼爽。這是先人從經驗中學習到的智慧：液態水蒸發為氣態水（水蒸氣）時，會從周遭奪取蒸發熱（汽化熱）。

　　冰箱就是利用這項原理的家電。易汽化物質A的液體，轉為氣體時，會從周遭奪取蒸發熱△E（冷卻過程），冷卻周遭環境。接著，壓縮這個氣體變回原本的液體，會產生凝結熱△E（放熱過程），加熱周遭環境。

　　電冰箱的設計，是內部進行冷卻、外部進行放熱過程。電冰箱的關鍵在於，先壓縮物質A（過去是使用氨氣，近年使用氟氯氣，現在則使用異丁烷等碳氫化合物）再使其膨脹，因此需要電力供給力學能。

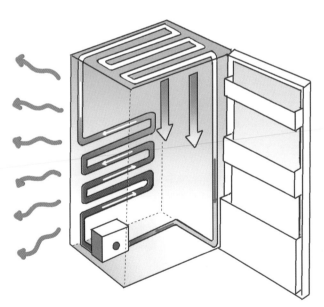

電冰箱所發出的聲響，是壓縮機加壓冷卻用的異丁烷等氣體時所發出的馬達聲。

Ⓑ IH 爐

IH爐原名電磁誘導加熱器（Induction：誘導，Heating：加熱），是利用電流與磁性的加熱裝置。

導線流入電流後，根據必歐－沙伐定律（Biot-Savart Law）會產生誘導磁場。因此，當線圈通入數十kHz的交流電（一般交流電為50至60Hz），迴圈會產生磁鐵S極（南極）和N極（北極）交替的誘導磁場。

在此線圈上放置金屬，會誘發金屬內形成磁場，產生渦狀的誘導電流。該電流引起的焦耳熱就是IH爐的熱源。因此，發熱的基本原理跟電磁爐相似。

IH爐上放置的鍋具，必須是具有磁性、能夠吸附磁鐵的金屬。將手放到開啟的IH爐上，手不會變熱，但放置鍋具加熱時，爐具會因鍋具的熱傳導變燙，用手去觸摸可能被燙傷。

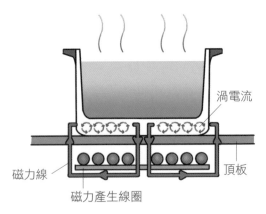

資料來源：改自日文書《營造美味的「熱」科學——解答料理加熱的「為什麼」Q&A》佐藤秀美著（柴田書店）p.41圖1。

■IH爐的運作原理

ⓒ微波爐

微波爐的發熱原理，跟前面提到的加熱裝置完全不同。

微波爐的發熱原理

微波爐是直接使物體中的水分子振動，以振動產生的摩擦熱加熱整個物體的調理器具。使水分子發生振動的是磁控管（magnetron），會發出頻率2450MHz，也就是每秒振動24億5千萬次高頻率微波。水分子受到微波牽引，會跟著發生相同次數的振動。然後，振動造成與其他分子衝撞所產生的摩擦熱，就是微波爐的熱源。

因此，不含水的物體，例如各種容器皆無法加熱。另外，微波的吸收容易度會因物質而異（如**表**所示），容易吸收的物質，其實僅有表面吸收微波，內部難以加熱。

■不同物質的微波容易吸收程度

物質名稱	微波容易吸收程度[※]
空氣	0
聚乙烯、玻璃	0.0005～0.005
紙、油脂、乾燥食品	0.1～0.5
麵包、米飯、披薩餅皮	0.5～5
馬鈴薯、豆類、豆腐渣	2～10
水	5～15
肉類、魚類、湯品、肝醬	10～25
食鹽水	10～40
火腿、魚板	40左右

※介電損耗係數

資料來源：改自日文書《營造美味的「熱」科學——解答料理加熱的「為什麼」Q&A》佐藤秀美著（柴田書店）p.47表1。

微波爐注意事項

將質地粗糙（接近素燒，沒有上釉）的陶器等，這些內部容易含有水分的食器放進微波爐加熱，食器可能因為水分變成水蒸氣膨脹而損壞。

另外，金屬具有許多可自由移動的電子，自由電子會因微波發生振動。電子是非常小的粒子，即便振動也不會產生熱，但會集中到鋁箔紙緣角等，從金屬尖銳的部分飛出空中，在微波爐內產生放電現象。

根據放電的情況，可能導致微波爐故障，或者塗有金屬層的食器造成毀損。

使用微波爐加熱鋁箔紙等會引起放電，可能起火燃燒。

Ⓓ電烤箱

料理上經常使用的加熱器具還有烤箱。烤箱的熱源林林總總，最近廣為使用的電烤箱，包含了以熱輻射加熱的類型、以熱對流加熱的類型、以水蒸氣加熱的類型等各種烤箱。

烤箱、小烤箱、烤爐、烤吐司機等，雖然商品名稱多樣，但原理都是一樣的。單純稱為烤吐司機的機種是以輻射式加熱為主，而輻射式加熱的小烤箱，則是增加烤箱的對流式加熱機能。

輻射式烤箱

輻射式烤箱，是以熱源發出的輻射熱來加熱，面向熱源的部分會變熱，但背面部分難以加熱。雖說是輻射式，但輻射傳播的熱其實僅有總熱量的70％，剩餘的30％是以對流傳播。

小烤箱主要是以熱輻射加熱，所以不適合正式的烤箱料理。

對流式烤箱

　　與輻射式相對，對流式（旋風式）烤箱中裝有風扇，可引起熱風強制熱對流。此類型的烤箱中，總熱量的70％是以對流傳播至食物，剩餘的是以輻射傳播。由於熱能夠傳播至箱中各個角落，這類型烤箱適合加熱大多數的食物。

水波爐

　　水波爐是以水加熱的烤箱。以水加熱？或許聽起來很神奇，但其實一點都不神奇。

　　前面說明，一般的對流式烤箱室是讓「空氣的氣體」對流，而水波爐是讓「水蒸氣的氣體」對流。水蒸氣跟「熱氣」不一樣，眼睛看不見，無氣味也沒有味道。這樣一來，為什麼一定要使用水蒸氣呢？

　　如同前述，水蒸氣變成水時會釋放「凝結熱」，加熱周圍環境。這跟HEATTECH發熱衣是同樣的原理。「蒸發熱」和「凝結熱」的熱量△E是相同的。

水波爐是附加微波爐機能的產品，在日本又稱為蒸氣烤箱。

換言之，水蒸氣附著在食物上，冷卻成水時會釋放熱，因此來加熱食品。而且，水波爐會進一步將水蒸氣加熱到100℃以上，形成**過熱水蒸氣**。

此烤箱的特色是，可在短時間將食物溫度加熱至100℃，亦即能夠做到急速加熱。但是，超過100℃後，溫度上升的情形，就跟一般的對流式烤箱相同。

知識面面觀MEMO

斷路器跳電真讓人困擾！

　　大家是否曾在結婚紀念日等重要聚會時，遇上斷路器突然跳電導致電器燒毀等「真衰！」的經驗呢？

　　當流通超過跟電力公司（東京電力等）簽訂的契約「電流量I」，斷路器便會跳電。因此，想要斷路器不跳電，僅需要將契約電流量加大即可。然而，公司住宅、員工宿舍等，無法個人變更契約電流量。遇到這樣的情形，下次購買電器時，可選擇額定電壓200V的產品。

　　功率W正比於電流I和電壓V的乘積，W＝IV。換言之，若電壓V增為兩倍，則電流量I僅需一半。因此，即便是相同功率W的電器，以200Ｖ驅動僅需一半的電流量。在日本，一般的電器為100Ｖ規格，家庭使用100Ｖ電壓，除非是特殊家庭配線，否則任何家庭都可委託水電行拉好200V的電線。

　　不過，200V規格的電器雖較不易燒毀，但欠缺適用性，而且購買價格較貴，當不再需要使用時，可能不利於轉手變賣。

斷路器發揮如「堰堤」的功能，避免流通超過必要（契約量）的電流。

3-4 液體的熱變化

料理時會用到各種液體，以水為主。料理加熱的方法有燉煮、悶蒸、燒烤、油炸等。水、油、食醋、酒等，這些料理中常見的液體加熱後會出現什麼變化呢？

Ⓐ冰⇄水⇄水蒸氣的變化

所有食物多多少少都含有水，食物中的水被加熱後，會發生什麼變化呢？物質有固體狀態、液體狀態、氣體狀態，水在冰點以下的狀態為結晶的冰，但1大氣壓下，當溫度升至0℃的熔點，冰會融化成液體的水；當溫度升至100℃的沸點，水會變成氣體的水蒸氣。

乾冰是不經由液體，直接由固體變成氣體，這樣的變化稱為昇華。其實，水在低壓下也會發生昇華。即溶咖啡中經常聽聞的冷凍乾燥，就是利用此現象。

如同上述，轉為結晶或者氣體的變化，稱為相變。相變與對應的溫度，如圖所示：

■ 溫度與水的相變（1大氣壓）

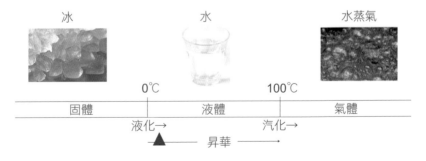

乾冰

在日本購買冰品時，會附贈保冷用的白色固體——乾冰。乾冰的真面目是二氧化碳CO_2的固體，會在$-79℃$時汽化，所以室溫下無法保持為固體，會變成氣體消失。

然而，「固體」的冰會在0℃時變成「液體」的水，在100℃時變成「氣體」的水蒸氣。與此相對，乾冰會在$-79℃$時直接由固體變成氣體。換言之，乾冰的相變不是「固體→液體→氣體」而是「固體→氣體」，這樣的變化稱為昇華。衣櫥裡的防蟲劑、廁所裡的除臭球等，同樣也是會發生昇華的物質。

想要加熱乾冰變成液體的二氧化碳，必需施加高壓（5.2大氣壓）。水也能夠昇華，但條件跟乾冰不同。想要讓冰昇華，跟乾冰的情況相反，必須降低壓力（0.1大氣壓）。

這表示，將冰置於0.1大氣壓下，冰會變成水蒸氣消失。冷凍乾燥就是利用此現象的調理法。

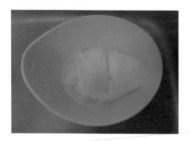

將乾冰的碎片放入室溫下的容器中，會冒出二氧化碳煙霧。

Ⓑ為什麼壓力鍋連魚骨都能煮軟？

沸點的溫度會隨壓力改變，1大氣壓下水的沸點是100℃，但在高於1大氣壓的環境，沸點會高於100℃；在低於1大氣壓的環境，沸點會低於100℃。

在高山上煮的米飯比較難吃，就是因為高山的氣壓低，水在低於100℃的溫度便沸騰。水沸騰後，假設溫度為80℃，接

下來無論怎麼繼續加熱，溫度都不會超過80℃。無論怎麼加熱，亦即無論如何增加能量，這個能量也只是變成用來蒸發水的汽化熱，水（熱水）的溫度會維持在80℃。由於澱粉在80℃下不會變軟，所以米飯怎麼煮都是半生不熟，吃起來當然不會美味。

相反地，壓力鍋溫度上升後，內部會充滿水蒸氣而變成高壓。因此，沸點會超過100℃，能夠更快煮軟食材，而且可比在一大氣壓下煮得更軟，軟到連魚骨都能夠食用。罐頭是蓋著蓋子加熱處理，內部會呈現壓力鍋狀態，所以魚骨也會軟化。

使用壓力鍋烹煮，可短時間炊煮美味的糙米、豆類，愈來愈多人用於日常調理。

ⓒ為什麼果汁不容易結凍？

　　水在1大氣壓下0℃時會結凍成冰，但南極海的海水在0℃以下卻不會結冰。

　　水溶解鹽、砂糖等非揮發性溶質（物質）後，溶液的熔點會低於0℃，溫度必須低於0℃才有辦法結凍，這樣的現象稱為熔點下降。另外，這類溶液的沸點會高於100℃，這樣的現象稱為沸點上升。

熔點下降

　　物質結晶，意謂物質在三次元中整齊堆積起來。試想橘子緊密堆積成山的情況，大小統一的橘子能夠堆高，但若橘子堆中有1成是蘋果呢？就沒有辦法緊密堆積成山了吧。接著，試著搖晃堆好的橘子山，混有蘋果的橘子山會先崩潰。容易崩潰的狀態，相當於容易熔化成液體的狀態。換言之，混有雜質的物質熔點比較低，這就是熔點下降的原理。

　　醬油、果汁不用說，高湯也混有諸多成分，0℃無法使其結凍。當然，肉、魚、蔬菜等料理食材也一樣，在0℃沒辦法結凍。

沸點上升

　　沸騰是指，液體（溶劑）分子從表面變成氣體，散逸至空中的現象。若是液體混有非揮發性溶質，會造成液體表面（水）有部分分子無法散逸至空中，呈現有如蓋上蓋子的狀態。

如果想要溶劑分子突破非揮發性溶質阻礙，散逸到空氣中，需要比平常更多的能量（高溫），使沸點變高。這就是沸點上升。

清湯、味噌湯等混有許多其他成分的湯品，可能因此喝起來非常燙口，需要小心注意。

Ⓓ酒和油加熱會怎樣？

料理經常會使用醬油、食醋等水溶液和油，多數情況下都會加熱。這些食材加熱後會發生什麼變化呢？

醬油

醬油基本上是食鹽水溶液，也會發生熔點下降和沸點上升的情形。醬油的熔點比水低、沸點比水高，換言之，在0℃時無法結凍，超過100℃才有辦法沸騰。然而，醬油的熔沸點變化僅有幾度之差，料理時幾乎不會注意到。但比起熔沸點些微的差距，更需要注意的是，持續加熱會造成水分蒸發，使得鹽分濃度升高，味道變得過鹹。

食醋

食醋是3～4％左右的醋酸水溶液。醋酸的沸點是118℃，沸點比水還要高。因此，醋酸加熱後，水會先沸騰蒸發，使得醋酸濃度升高，酸味變強。

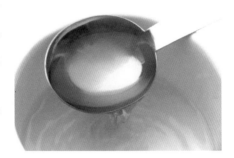

酒

料理使用的日本酒含有15％左右的酒精，紅酒含有10％左右的酒精。酒精就是乙醇，沸點是78℃，比水還要低。因此，酒加熱後，酒精會先蒸發逸散。料理書中的待酒「煮乾」，指的就是加熱以除去酒精。

威士忌、白蘭地等烈酒（酒精含量40％）加熱後，會產生大量可燃的乙醇蒸氣。火燄料理（Flambe）就是利用此現象的調理方法。

食用油

食用油是各種油的混合物，沒有固定的沸點。以橄欖油為例，熔點介於0～6℃、發煙點為190℃、引火點為225℃、沸點為300℃、發火點為343℃。

●熔點是固體油熔化為液體的溫度，豬油、牛油熔化的溫度不同。

●發煙點是油產生煙和蒸氣的溫度，可想成料理時的最高溫度。發煙點低的物質有107℃的亞麻籽油，高的物質有266℃的葵花籽油等。

●引火點是危險溫度。升高到這個溫度後，調理中的火（焰）一旦燒到油蒸氣，可能進一步引起火災，需要滅火或者通報消防局。

●發火點是絕對不能加熱到的溫度。升高到此溫度後，即便是用無火的IH爐加熱，油也會自行噴出火焰，肯定會引起火災，需要滅火。

知識面面觀MEMO

寒天是冷凍乾燥製作？

　　寒天、凍豆腐容易被誤以為是冷凍乾燥食品，但它們並不是以昇華加工，而是反覆凝固與融化所製成。

　　將豆腐切薄置於寒冷夜晚的戶外，裡頭的水分會結成冰。冰的結晶成長後，會占據豆腐的內部空間，到了中午，冰融化變成空洞。接著，夜晚時水分再次結冰占據空間……反覆此過程，內部就會出現一堆空洞。當水分全部蒸發逸散，就完成海綿狀的凍豆腐。

　　蒟蒻進行同樣的處理會變成凍蒟蒻，由於極為柔軟、觸感佳，可作為嬰兒洗澡用的海綿、女性的化妝用品等。

寒天是將石花菜海藻的黏液反覆冷凍與乾燥製成的食材，於日本江戶時代初期發明，廣泛作為涼粉、寒天、羊羹等的凝固劑。

凍豆腐又稱為「高野豆腐」「冰豆腐」，是素食料理不可欠缺的食材。在江戶時代是受歡迎的高野山特產，因而又稱為高野豆腐。

凍蒟蒻是蒟蒻反覆冷凍與乾燥製成的傳統食材。蒟蒻本來是冷凍後口感極差的食材，但製成凍蒟蒻後，不好的口感反而成為一種魅力。

3-5 食物的熱變化

　　除了生魚片等生食菜餚，多數料理都會加熱食物品。食物加熱後，會出現什麼變化呢？

Ⓐ 澱粉、蛋白質的結構就像鎖鏈或毛線

　　澱粉、蛋白質的分子，是簡單的單位分子大量連結成鎖鏈狀。這類物質通常稱為聚合物，典型的聚合物有聚乙烯、尼龍、聚酯纖維等化學纖維。

　　澱粉、蛋白質等天然聚合物的特徵，是複雜且具有重覆性的立體結構。為了「正確無誤地」重現複雜的立體結構，聚合物具有特殊的「機關」。

　　例如新購買的襯衫折疊得很整齊，拆開包裝會發現各處夾有塑膠夾。

　　天然聚合物也是同樣的情況，「氫鍵」相當於襯衫的塑膠夾。然而，氫鍵是較弱的鍵結，加熱後會斷開。

Ⓑ 澱粉加熱後會怎樣？

　　澱粉的聚合物可分為：鎖鏈狀的直鏈澱粉、分枝狀的支鏈澱粉。

　　直鏈澱粉是規則的螺旋結構，由於人體的消化酶難以進入該結構，所以不容易被消化吸收。

■ **直鏈澱粉與支鏈澱粉**

葡萄糖單體

直鏈澱粉（β型）

支鏈澱粉

這種狀態的澱粉稱為 β-澱粉，藉由氫鍵維持螺旋結構。

但是，β-澱粉加水加熱後氫鍵會斷開，失去螺旋結構，結果使澱粉分子變得癱軟鬆散，這種狀態的澱粉稱為 α-澱粉。簡單來說，就類似「蛋黃哥」、米飯的鬆軟狀態，容易消化吸收。

然而，此狀態在溫度降低後，澱粉的氫鍵又會復原，恢復成原本螺旋結構的 β-澱粉。米飯放涼後變硬，就是這個原因。

不過，如果周圍沒有水分，就不會發生這個反應。換言之，去除水分的傳統「烤飯糰」、現代「冷凍乾燥米飯」以及各種「麵包」，即使長時間放置也能保持 α-澱粉的狀態。

知識面面觀MEMO

為什麼年糕會黏？

粳米含有20%的直鏈澱粉，而糯米僅由支鏈澱粉組成。支鏈澱粉為分枝狀結構，攪拌加水加熱變軟後，其分枝會大量糾纏在一起，這就是年糕的澱粉狀態——質地變得黏稠可伸縮。

©蛋白質加熱後會怎樣？

　　一般的化學鍵是強鍵結，不會被100℃甚至200℃的高溫破壞（斷開）。所以，肉類燒烤、熬燉後，胺基酸間的鍵結也不會被切斷。

　　但加熱會破壞蛋白質的立體結構。蛋白質的立體結構複雜，一旦「塑膠夾」脫落崩壞，就不可能恢復原狀，我們稱此為蛋白質的熱變性。

　　造成蛋白質變性的並不僅有熱，酸、鹼、酒精等各種條件變化都會引起蛋白質變性。

　　加熱蛋做成水煮蛋，就是典型的熱變性，變性後的蛋無法再恢復原狀。蛋白和蛋黃的變性溫度不同，蛋黃部分的組成複雜，低溫就會變性。因此，長時間置於80℃左右的溫度中，僅有纖細的蛋黃會先凝固而形成溫泉蛋。

左上圖為一般的「水煮蛋」；上圖為蛋白半熟狀態的「溫泉蛋」；左圖為「半熟水煮蛋（溏心蛋）」。這三種水煮蛋原本是相同的雞蛋，但口感、味道卻大不相同，控制水煮的時間與溫度就能簡單製成。

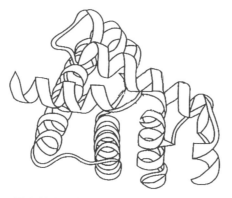

蛋白質的立體結構（人類肌紅蛋白）

知識面面觀MEMO

為什麼平底鍋會形成鍋巴？

鐵製平底鍋、鐵板燒的鐵板會沾黏食材，所以料理前需要下油或者使用鐵氟龍加工。但是，為什麼鐵板會沾黏食材呢？

因為鐵板的表面上吸附了肉眼看不見的水薄膜。將食材置於鐵板上後，食材的水溶性成分會溶出至表面。該成分加熱後會凝固，食材就會直接附著於鐵板，形成鍋巴。

為了避免發生這樣的事情，就要在鐵板上覆蓋油層（下油），或者鍍上不會吸附水分的塗料（鐵氟龍加工）。

沾黏於平底鍋的鍋巴是鮮味的寶庫，直接捨棄太可惜。不妨加水溶解鍋巴，將其利用於製作醬汁、調味。

3-6 加熱

料理的基本是溫度操作，其中又以加熱尤為重要。加熱方式有多種多樣，例如有燒烤、燉煮、悶蒸、熱炒、油炸等。這些加熱方式在科學的角度上有何不同？會讓食品發生什麼變化呢？

Ⓐ 燉煮、水煮

熬燉、水煮等，是以水為媒介將熱源的熱傳播至食材的料理法。基本上，僅以水加熱處理的稱為「水煮」；以加入調味料、香辛料的水溶液加熱處理的稱為「燉煮」。

採用這類處理時，需要考慮的問題有兩個：熱的傳導與食材的變質。

一般來說，馬鈴薯、白蘿蔔、胡蘿蔔等根菜類，會用冷水開始煮；菠菜、高麗菜、白菜等易煮熟的葉菜類，則是水沸騰後再煮。

燉煮也一樣,根菜類用冷水開始煮,葉菜類則是水滾後再投入鍋中。許多魚、薄切的肉類,長時間燉煮會形狀走樣或者變硬,建議盡可能短時間內烹煮完成。

加熱時間

食物的表面是以熱水加熱,而食物的內部是藉由表面的熱傳導來加熱,所以煮熟的時間會出現時間差。

將食物置入冷水中加熱時,熱的傳導進行緩慢,表面和內部幾乎是同時加熱,但需要較長的加熱時間,可將蔬菜等煮得軟爛、海鮮類的鮮味溶到水中。

與此相對,投入熱水烹煮時,食物表面會先被急遽加熱,熱再由表面傳到內部,所以表面和內部的加熱會出現時間差。

變質

食物根據部位不同,需要不同的加熱時間,但這可能會發生食物變質的問題。換言之,當食物內部煮熟,表面可能已經變質、形狀走樣。

例如,將1個剝皮的馬鈴薯投入熱水烹煮,當內部煮軟,表面的澱粉會完全 α 化,水進入崩壞的螺旋結構中,出現更進一步的破壞,使得表面開始溶解。

煮烏龍麵時也會發生同樣的情況。此時，加冷水是有效的解決辦法，可在煮沸溶出澱粉、開始冒泡時額外添加冷水。如此一來，水溫就會下降不再冒泡，烏龍麵表面也會因變冷而停止溶出澱粉，但由於內部沒有降溫，傳導熱會繼續傳至麵芯。

　　類似的處理還有烏龍麵的「過冷水」，這是將剛煮好的烏龍麵從熱水中取出、浸泡冷水的處理。這麼做有兩個意義：

● 其一是，因應日式麵的獨特製法。蕎麥麵、烏龍麵等在製作過程的最後，會灑上撲粉，以刀切割。這個撲粉會妨礙煮麵的過程，所以麵條煮好後，要洗去麵條上多餘的澱粉。

● 另一是，添水均衡熟度。由於烏龍麵的麵條較粗，表面和內部的熱傳導程度不同，怎樣都是表面先煮軟。於是，料理者會將麵條過冷水，降低表面的溫度，但內部的傳導熱仍繼續傳播，使得麵條的表裡溫度相同、熟度均勻。

　　烹調魚的時候，要用熱水而非冷水，因為熱水可使表面的蛋白質熱變性硬化，鎖住內部鮮味。另外，高溫烹煮時，沸

小鍋蓋除了防止烹煮變形，還有使食材的熟度均勻，防止味道不均的效果。

騰的熱水會翻動食材，造成變形，此時可使用小鍋蓋來壓住食材。

肉的熱變化

肉、魚類對溫度敏感，這跟肉類的結構有關。

無論家禽家畜肉或者魚肉，大部分的肉類都屬於肌肉部位。肌肉是由①膠原蛋白質構成的袋子，以及裝在裡頭的②長纖維狀肌原纖維蛋白質（myofibrillar protein）與③粒狀的肌漿蛋白質（sarcoplasmic protein）三種蛋白質所組成。

由水煮蛋可知，蛋白質加熱後會凝固。然而，這三種蛋白質的熱固化溫度不同。

溫度升高到50℃時，肌原纖維蛋白質會先凝固，但其他兩種蛋白質不會，這種狀態的肉相當有韌性。溫度升高到60℃時，肌漿蛋白質也會凝固，肉會變硬。當溫度超過65℃，膠原蛋白質會急劇凝固，肉會變得更硬。

然而，當溫度超過75℃，膠原蛋白就會分解成明膠（gelatine），肉變得更加軟嫩。明膠溶至煮汁中，湯汁會變得醇厚，吃的時候可感受到汁液纏繞舌頭。然而，長時間處於這種狀態下，肉片中的明膠會全部流失，使得肉質變得乾柴。

換言之，肉類在75℃以上的溫度烹煮會變軟嫩，但若煮過頭，就會變成乾柴狀態。

Ⓑ悶蒸

「悶蒸」是以水蒸氣、熱氣加熱食材的處理方式。熱氣是跟霧一樣微小的高溫水滴，因為是液體的水，所以溫度最高為

100℃。溫度若再進一步升高，會變成氣體的水蒸氣。水蒸氣就沒有溫度上限，加熱的溫度會不斷升高。另外，水蒸氣接觸到食物，冷卻凝結成水時，1公克的水蒸氣會釋放540卡的凝結熱（蒸發熱、汽化熱的相反）。

使1公克水的溫度上升1℃所需要的熱量為1卡，可見凝結熱的加熱效果有多驚人。然而，我們也得注意1公克水蒸氣的體積為1.71公升。料理是非常化學且科學的行為。

因此，使用悶蒸處理時，可短時間加熱食材，而且跟燉煮不同，食物未接觸大量的水，鮮味不會流失到水中；也跟燒烤不同，周圍包覆著水蒸氣，不會奪走食物的水分，能夠保持濕潤狀態。

悶蒸料理能夠保留食材的營養成分，同時也是健康料理。

ⓒ燒烤

燒烤的調理法，是以熱輻射加熱食材的處理。因此，食材會失去水分，烤出酥脆的口感。

遠紅外線

輻射熱是經由紅外線加熱，紅外線可分為高能量的近紅外線，與低能量的遠紅外線。

以遠紅外線燒烤時，僅表面受到強烈加熱，快速失去水分變得酥脆，烤出焦黃色與獨特的焦香。之後，再藉由傳導熱慢慢加熱內部。

烤番薯時，酵素會在加熱期間活化，促使澱粉分解成醣類，引出甜美的滋味。

食材變性

試著燒烤一塊肉排吧。燒烤後，表面的蛋白質會變性，尤其膠原蛋白會萎縮變硬，阻擋內部的肉汁漏到外面。

如果想要食用多汁的牛排，熟度建議為五分熟到三分熟。

在種狀態下持續加熱，能夠燒出美味牛排，但當牛排內部溫度接近65℃，肉內部的膠原蛋白會開始萎縮。最後，肌肉纖維變得緊實，擠出肉汁。換言之，內部燒烤過頭會變得乾柴。然而，也有人喜歡全熟的口感，哪種熟度比較好，僅能說是個人喜好的問題。

大火遠離火源、小火接近火源

聽說，魚類用「大火遠離火源」來烤會比較美味。「大火遠離火源」與「小火接近火源」有什麼不一樣呢？

大火熱源會釋出大量紅外線。因此，輻射熱會將魚的表面（皮）烤得酥脆，再經由傳導熱緩慢加熱內部。表面變硬後，能夠鎖住內部的水分；內部緩慢加熱後，酶會促使蛋白質分解，產生鮮味成分的胺基酸。

另一方面，小火釋放的紅外線比較少，必須接近火源烤魚。此時，傳播到魚的熱是經由空氣的對流熱，因此無法期待表皮烤得酥脆。

遠離火源的大火，具有遠紅外線效果，可烤出豐滿多汁的鹽烤香魚。

知識面面觀MEMO

鐵網燒烤與鐵串燒烤的不同

　　魚類用鐵網燒烤的味道，跟用鐵串燒烤的味道不一樣，其中的差異來自於熱的傳導。用鐵網燒烤時，熱僅從魚的表面開始傳播；用鐵串燒烤時，還會加上經由鐵串從內部加熱的傳導熱。因此，鐵串燒烤會比較快烤熟，不會出現魚皮烤焦、烤過頭的情況。另外，以鐵串刺穿能夠保持形狀完整，這也是一大優點。

許多人愛用鐵網直接燒烤秋刀魚。

剛烤好的溪流女王—香魚，就是要整串拿起來大快朵頤。

Ⓓ油炸

　　油炸調理法，就是「將食品放入高溫油中一段時間」的方式。

沸點

　　油炸需要注意的是，水和油的沸點不一樣。除了極少數的例外，所有食物皆含有水分。水的沸點在1大氣壓下為100℃，但油的沸點因種類而異，食用油約300℃左右。例如，將食物放入170℃的油中會發生什麼事呢？

此時食物所含的水會沸騰變成水蒸氣，逸散出來。因此，會在油中冒出許多細小的氣泡。接著會發生什麼事呢？油會滲進食物失去水分的空間。換言之，油炸就是將食物中的水分置換成油的處理。

直接油炸食物時，表面的水分會置換成油。若是典型裹麵糊油炸的天婦羅，則是將麵糊中的水分置換成油。

那麼，麵糊內側包裹的食物會發生什麼事呢？天婦羅的內料（食材）是透過麵糊的傳導熱來加熱。由於食材外部被吸油的麵糊密封起來，天婦羅的內料是在麵糊中蒸烤。

天婦羅是用油將當季食材炸得酥脆，料理口感並不油膩。

油溫的判斷

就科學的角度來講，溫度用溫度計測量最為準確。然而，天婦羅可將1滴麵糊滴進油中，觀察麵糊的浮起速度來推測溫度。此時，判斷的標準是麵糊水分置換成油的比例。

如大家所知，油的比重小於水（約0.8）。因此，溫度低時水不會蒸發，麵糊充滿水分時，重量比較重浮不起來。然而，溫度高時水分會蒸發，取而代之，油會進入麵糊中，重量

變輕而浮起來。

　　理解這個現象後，就能根據麵糊的浮起速度，推測油的溫度。

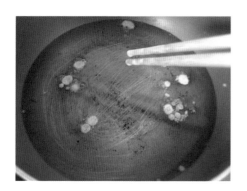

開始油炸天婦羅前，先用調理筷滴數滴麵糊到熱油中，麵衣會變成油炸碎渣浮起，根據碎渣的浮起速度來推測油的溫度。若2〜3秒就浮起，大致就是適合的溫度。

知識面面觀MEMO

油的奧義

　　油是能夠進行各種調理的食材。炒青菜等的「熱炒」，是用少量的高溫油加熱食材。透過這種調理方式，食材表面的水分會蒸發，換成油滲入其中，但因調理時間短，僅發生在表層。

　　由於傳至食材內部的熱傳導不多，內部接近未煮熟的狀態。能夠像這樣享受表面和內部的不同味道、口感，可說是熱炒料理的特色。然而，若是要作成便當，建議以不燒焦的溫度慢慢加熱，確實讓食材內部熟透會比較安全、安心。

　　使用油的調理法中，有「過油」這種方式。這是將食材放入溫度較低的油加熱，具有去除食材多餘水分、固化表面調味用的材料來鎖住鮮味、使色澤更為鮮豔等效果。還可去除魚類料理的腥味，但一般僅加熱表面，可同時享用熟肉和生肉的味道。

　　相似的用語還有「過熱水」，這是將食材放進熱水汆燙，或者用熱水澆淋食材的方式。

3-7 冷卻

　　從前，比水還冷的東西僅有雪及冰。夏天想要享用冰涼食物，方法僅有前往高山取回融化殘留的雪、冰，或趁著冬天將積雪保存於冰室。

Ⓐ對料理來說，低溫也是必要的

　　在現代，許多家庭都有電冰箱。根據JIS（日本工業規格）規定，冰箱內的冷藏室溫度為10℃以下，冷凍室溫度為－12℃以下。然而實際上，多數電冰箱產品的冷藏室溫度為5℃以下，冷凍室溫度則為－18℃以下。

　　對料理來說，低溫絕對是必要的。其中一個理由是，保存性與殺蟲、殺菌性。關於這點留到下一章再詳細講解，這邊先

知識面面觀MEMO

清少納言的雪酪

在清少納言的隨筆集《枕草子》中，提及關於雪酪的內容。炎炎夏日，在金屬製的冰涼容器中，裝入從冰室拿來的雪，上頭澆淋甘葛汁。這冰品「せんじ」（senji）相當於現代剉冰（刨冰），看來古人也喜歡食用時髦美味的東西。

剉冰的「せんじ」是指，僅在剉冰上澆淋透明糖漿的冰品。「せんじ」是名古屋地區的稱呼，在其他地區又被稱為「みぞれ」「しぐれ」。

來討論利用低溫的料理。

Ⓑ肉凍與果凍一樣嗎？

將含有較多脂肪的魚燉煮料理放入冰箱，煮汁會凝固變成肉凍。這是從魚肉中分泌出來的明膠凝固後的產物。在法國料理中，肉凍稱為「Aspic（鹹凍）」。

明膠是膠原蛋白質分解後的物質，可廣泛作為各種料理、甜點等的原料。明膠在熱水的融化溫度是50～60℃，凝固溫度是15～20℃，所以在冬天室溫下會凝固。

不過，鳳梨、奇異果等含有蛋白質分解酵素，添加這類食材的明膠溶液不會凝固，需注意這點。

肉凍料理是煮魚湯汁凝固的明膠。

Ⓒ寒天與果凍一樣嗎？

明膠是動物性的固化食材，而寒天是植物性的固化食材。寒天是由海藻的石花菜製成，成分為食物纖維的洋菜糖

（agarose）。洋菜糖是乳糖成分半乳糖所組成的多醣類，人類的消化酶無法分解。

　　寒天在熱水中的融化溫度比明膠高，約為90～100℃，凝固溫度也比較高，約為30～35℃，所以在夏天室內也會凝固。

沒有冰箱也能做冰淇淋

　　在尚未發明電力的工業革命時代，人們就已經能吃到冰淇淋。冰淇淋是油、糖、蛋白質等混合各種物質的液體。混合溶液的熔點下降，因此在0℃時不會結凍。簡單來說，即便使用雪、冰，也沒辦法製作冰淇淋。

　　當時人們使用的是冷卻劑，一種進行化學反應的冷凍材料，利用下述物質作為冷卻劑。

　　其中之一是，現在也用於瞬間冷卻包的物質，也就是在水中加入硝酸鈉$NaNO_3$。如此一來，溶解熱會使溫度最低下降到−20℃。

　　還有更平常的東西可製作冷卻劑——鹽和冰的混合物。冰融化時會吸收融化熱，降低周圍環境的溫度。融出的水會溶解鹽，進一步需要溶解熱。在這樣的相乘作用下，溫度會下降到−21.2℃。

　　反過來說，這個混合物要降溫到−21℃以下才有辦法結凍。日本高速公路會灑鹽作為融雪劑，就是這個原理。然而，在美國北部各州，也因為鹽造成家家戶戶的汽車底下都生鏽變紅。

不使用冰淇淋機，手作冰淇淋時，會在下方盆中的冰中加鹽來降低溫度。

第4章

調味的科學

　　用來描述料理味道的言詞不勝
枚舉，除了美味、難吃，濃郁、醇厚、豐
富、溫和等，這些描述的意義是個人
的感覺，難以用科學的角度來檢討，
更無法說明豐富的味道。

　　本章從科學的角度切入，討論調
味料如何增加、調整食材的味道，讓
料理變得美味可口。香氣和味道是判
斷料理美味的標準，但光是這樣仍不
夠。料理外觀等視覺訊息、口感等觸
覺訊息也很重要。此外，食用仙貝時，
「啪！」的聲響也會增進食慾。

　　換言之，在品味料理時，我們會
使用視覺、嗅覺、味覺、聽覺、觸覺這
五感。

4-1 味覺與嗅覺的機制

　　味覺與嗅覺使我們能夠實際品味料理的味道，下面分別討論兩者的原理機制。

Ⓐ味覺的機制

　　味覺是一種感覺，可感知溶於水的味道分子特性。味覺分為鹹味、酸味、甜味、苦味、鮮味5種，舌頭是感覺這些味覺的器官。

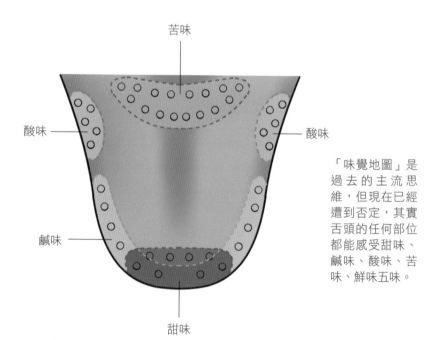

苦味

酸味

酸味

鹹味

甜味

「味覺地圖」是過去的主流思維，但現在已經遭到否定，其實舌頭的任何部位都能感受甜味、鹹味、酸味、苦味、鮮味五味。

■人類舌頭的味覺地圖

味覺的感知部位

舌頭的不同部位，感受到的味道不一樣。前頁圖是描述舌頭哪個部位感受到哪種味覺的示意圖，又稱為味覺地圖。

然而，這是過去單純化的示意圖，現在已經暸解舌頭各個部位都可感受到不同的味道。

舌頭上有許多用來判斷味道的**味蕾**，味蕾是由無數細小的味細胞組成。味細胞會捕捉味道分子發出的訊息，經由神經細胞傳至大腦。

電位變化

那麼，味細胞如何捕捉味道分子的訊息？味細胞的細胞膜有微纖毛，當味道分子附著於味細胞的微絨毛，細胞本體與味道分子就會隔著細胞膜連接。

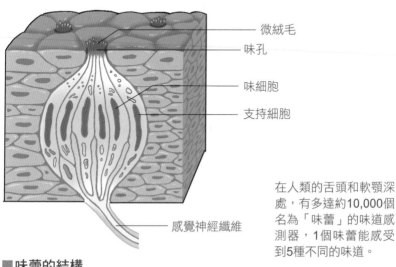

微絨毛

味孔

味細胞

支持細胞

感覺神經纖維

在人類的舌頭和軟顎深處，有多達約10,000個名為「味蕾」的味道感測器，1個味蕾能感受到5種不同的味道。

▓ 味蕾的結構

如此一來，細胞內外兩側的溶液種類、濃度，會隔著細胞膜產生電壓（電位差）。下方的神經感受到此電壓變化，便將訊息傳遞至大腦。瞭解其中的機制後，事情就簡單了。對現代化學來說，建立味蕾的原始模型一點也不難。

　　因此，這些化學模型有助於食品業大量生產的品質管理。

Ⓑ嗅覺的機制

　　學者認為，人類嗅覺偵測氣味分子的機制，幾乎跟味覺相同。鼻子上皮的嗅細胞可感受氣味（臭味），但嗅覺比味覺還要敏銳，相較於味覺是以分子的「濃度」感受強弱，嗅覺可能是以分子的「數量」感受強弱。當氣味分子附著嗅細胞的嗅毛，氣味訊息就會直接傳至大腦。

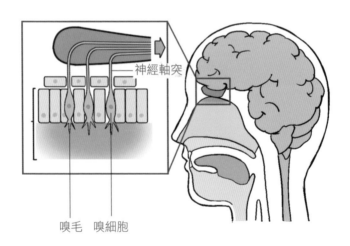

神經軸突

嗅毛　嗅細胞

▇嗅覺的機制
鼻腔內的氣味感測器，偵測氣味分子來感受氣味。
嗅細胞感受氣味的機制，跟感受「味道」的機制非常相似。

此訊息傳遞的速度非常快。舉個不好的例子，麻藥進入人體的途徑分為口服（吞服）、注射等，但效果最快的是吸煙，也就是點燃麻藥吸聞煙霧。嗅覺與距離有關，鼻腔很接近大腦的海馬迴，這是理由之一，但神經訊息傳遞的時間，在此短距離中，造成的影響其實不大。

先不論這種說法的正確性，嗅覺訊息傳遞會如此敏銳迅速，是因為對人類、動物來說，嗅覺是能最先警告危險物、外界存有威脅的感覺。

雖然嗅覺能夠迅速感知，但對於強烈的氣味，嗅覺神經沒辦法持續保持敏銳。嗅覺有所謂的閾值，對於超過閾值的（氣味）訊息，身體會選擇放棄辨識強弱程度。簡單來說，就是味道太強烈，會使嗅覺「麻痺」「習以為常」。

知識面面觀MEMO

食用大麻種籽是合法的

麻藥、興奮劑是會破壞人類大腦和神經系統的物質，大麻就是這種麻藥的一種。大麻在植物學上為大麻科麻類植物，絕對不是什麼稀有物質。麻用於衣料上，神社分發的神符也稱為大麻。

麻的用途各式各樣，其中一種是食用，出現在七味唐辛子當中。七味唐辛子中有一種直徑約2毫米的白色圓球狀種籽——麻種，日本有些地方稱為「オタネ」。

麻種雖然堅硬，但用牙齒咬碎後會散發獨特的香味。當然，麻種已經過加熱烘炒，即使種在土壤裡也不會發芽。

ⓒ神經傳遞的機制

透過眼、舌、鼻等感覺器官獲得的訊息，會先傳至大腦，再由大腦發出訊息傳至肌肉，產生行動。傳遞這類訊息的是神經細胞，但並不是單一神經細胞連結大腦與肌肉，而是許多神經細胞以接力方式來傳遞訊息。

訊息的傳遞分為兩種：神經細胞內的傳遞與細胞間的傳遞。神經細胞內的傳遞是離子的進出，透過鉀離子K^+和鈉離子Na^+的進出來傳遞訊息。食鹽NaCl在料理上是最重要的調味料，食鹽分解出的鈉離子Na^+，在血壓調節、神經傳遞上也發揮非常重要的功能。

與此相對，細胞間的傳遞是藉由交換神經傳遞物質的小分子來進行，例如乙醯膽鹼、多巴胺等，有許多種類，也包含化學調味料的主要成分兼鮮味成分的麩胺酸（glutamic acid）。

神經細胞軸突末端釋出的神經傳遞物質，與肌肉結合後，肌肉會發生收縮並產生運動。接著，酶會分解神經傳遞物質，使肌肉恢復原本狀態。含磷殺蟲劑、沙林毒氣等會阻礙這種酶發揮作用，造成肌肉持續痙攣、身體動作異常，最後導致死亡。

觸覺改變味道

　　對生物來說，「吃」很重要，因為與生存的本能行為有關。

　　隨著文化的發展，人類可能逐漸誤解了生存本能上必要的原始行為，認為攝取食物是一種近似野獸的「低等行為」，因此人們才發展「飲食禮儀」，約束攝食的行為，透過嚴格遵守禮儀來淨化進食行為。

　　貓狗滿足地吃著飼料，看不出有什麼特別的禮儀。大多數現代人在用餐時，會使用筷子、刀子、湯匙等工具，然而，在16世紀法國波旁（Bourbon）王朝時代，據說料理是以手就口。這樣說可能會令人覺得當時人「野蠻」，但實際上卻不盡然如此。例如煎餅的美味不僅只在於味道，更不能缺少牙齒、舌頭的「啪嚓！」感覺。

　　各位平常是用筷子夾食壽司吧。如果像印度人吃咖哩飯，用手指直接拿取食用會如何呢？除了味覺、嗅覺、「視覺」，還加上了使用「觸覺」來品嚐料理。

　　食物支持了我們獨一無二的生命，若沒有使用全部神經、所有感覺專心食用，可說是「暴殄天物」。口感也是人類理所當然的味覺。

4-2 調味料的種類

料理會使用多種類的調味料，即便是相同的食材，透過調味料的搭配，便能夠製作完全不同的料理。這節就來討論基本的調味料。

Ⓐ砂糖

砂糖的化學成分主要是蔗糖（sucrose），「砂糖」一詞意為「含有一般雜質的蔗糖」。

家庭使用的砂糖有許多種，分類如下頁圖表所示。

原料

砂糖分為從甘蔗採集的甘蔗糖，與從甜菜（日本稱為砂糖大根）採集的甜菜糖，但就所製成的砂糖來說幾乎相同，些微的差異僅在於雜質的不同。除了一些例外，日本的砂糖都是甘蔗糖，通常會將原料糖運送至大型工廠精製，但也有在當地直接精製的。這類砂糖稱為耕地白糖，但成分並沒有不同。

砂糖的種類

製糖工廠會濃縮甘蔗汁液，分成砂糖結晶與未形成結晶的糖蜜。下表的「分蜜糖」是指，使用離心機分離砂糖混合物，僅取出砂糖部分的物質，精製後是普通的砂糖，根據純度可分為雙目糖、車糖、液糖。

粗目糖（雙目糖）精緻化後是細砂糖。一般家庭使用的上白糖，是精緻細砂糖添加轉化糖的產品；三溫糖是加熱砂糖產生焦糖的產品。日本家庭多使用上白糖、三溫糖，歐洲則是比較多人使用細砂糖。

另一方面，不分離糖蜜的精緻糖稱為含蜜糖，高級日式甜點不可欠缺的和三盆，就是含蜜糖的一種。

就化學角度來看，砂糖的主要成分單一（蔗糖），是少數純度極高的食物之一，冰砂糖、細砂糖的純度幾乎是100％。其他接近純粹物質的食物，還有水、食鹽、味素等。砂糖的風

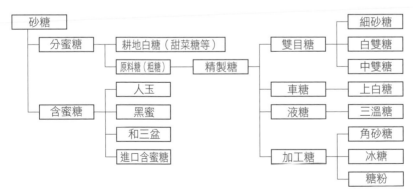

■ **砂糖的種類**

味僅混有些許雜質就會改變，可見人類的味覺相當敏感。

砂糖以外的天然糖類

　　人工甜味劑留到後面再來討論，這一段來看砂糖以外的天然甜味劑。

●**海藻糖**（trehalose，甜度為砂糖的45％）：過去是利用酵母製成，現在則是以澱粉人工合成。保濕性優異，可用於化妝品等。

●**木糖醇**（xylitol，甜度等同砂糖）：由樺木取得。熱量約為砂糖的60％，以不會蛀牙的糖類廣為人知。

●**山梨醇**（sorbitol，甜度為砂糖的60％）：由花楸樹取得。熱量為砂糖的75％，具保濕性。溶於水會吸熱，產生涼爽感。

●**甜菊糖**（stevioside，甜度為砂糖的300倍）：採集自南美原產多年生草本的甜葉菊。具有藥用效果，仍在進行相關科學研究。

木糖醇原料——白樺木。

甜菊糖是利用甜葉菊（甜菊）製成。

知識面面觀MEMO

蘋果的糖芯甜嗎？

其實，蘋果的糖芯並沒有特別甜。蘋果的糖芯含有山梨醇，成長階段的蘋果會在葉子形成山梨醇，再搬運至果實內轉為甜味的果糖和蔗糖。然而，蘋果完全成熟後，山梨醇就會停止轉成糖分，直接以原始狀態吸收水分。這就是蘋果「糖芯」的真面目。換言之，果核處出現糖芯，是蘋果完全成熟的證據。

根據不同的蘋果品種，有些蘋果不會出現糖芯。
富士、蜜富士蘋果是糖芯特別明顯的品種。

Ⓑ食鹽

食鹽的主要成分是氯化鈉NaCl。食鹽採集自海水，岩鹽採集自陸地，日本由於是島國，自古主要是利用海鹽。古時候是對海藻潑灑海水，藉由乾燥提高鹽分濃度，再燒煮萃取製鹽。《萬葉集》中的詩句「燒藻鹽」，就是在吟詠這般光景。

在近代日本，以赤穗浪士*聞名的兵庫縣赤穗市等地，是

*編按：江戶時代赤穗藩武士為主人報仇的忠義故事，

在海濱沙灘引進海水乾燥，反覆此過程提高鹽分濃度後，搜集鹽粒，清洗製作成高濃度鹽水，再熬煮萃取製鹽。

鹽的純度

不過，到了1972年，當時的專賣國營企業，將製鹽法改變成劃時代的科學方法——離子交換膜法。這大幅提升了氯化鈉的純度，但同時也「失去鹽的鮮味」。

然而，鹽的純度於1972年前後幾乎沒有改變。下圖是食鹽氯化鈉純度的年度變化折線圖，可知氯化鈉NaCl的純度幾乎沒有變化，但其他物質卻出現明顯的變化：鉀K增加，硫酸離子SO_4^{2-}減少。

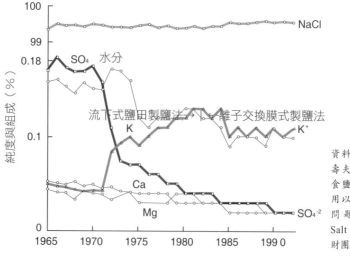

流下式鹽田製鹽法→ │ ←離子交換膜式製鹽法

資料來源：橋本壽夫《鹽味料：食鹽的機能、作用以及保健上的問題》（財）Salt Science研究財團。

■食鹽的純度、組成以及品質的變化演進

　　這個部分可能反映在味道的變化上，現今市面上有許多名為「○○之鹽」的食鹽商品。順便一提，現在日本財團法人鹽事業中心販售的鹽，其氯化鈉純度的高低依序為：精製特級鹽（純度99.7％以上）、特級鹽（99.5％以上）、食鹽（99％以上、水分0.2％）、並鹽（普通鹽，95％以上、水分1.4％）。

鹽與高血壓

　　專家指出，鹽分攝取過多是引發高血壓的原因。為什麼過度攝取鹽分會造成高血壓呢？

　　這可用前面說過的滲透壓原理來說明。攝取鹽分後，血液中的鹽分濃度會提高，周圍細胞、細胞間的水分會透過半透膜性質的血管壁進入血管內部，結果造成血液量增加，促使血壓上升。雖然血液濃度變淡，但血液體積增加，血管壁會像氣球一樣承受壓力，於是血壓上升。

　　食鹽的鈉離子Na^+在神經傳遞系統中扮演著重要角色，是維持生命不可欠缺的物質，但凡事物極必反。

精製特級鹽：主要是調味料的原料。

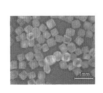

特級鹽：用於各種食品加工。

食鹽：廣泛用於各種食品加工、一般家庭。

並鹽：味噌、醬油的原料與水產加工。

ⓒ食醋

醋簡單說就是最小脂肪酸——醋酸CH₃COOH的水溶液，濃度頂多為4％左右。相較於酒類的酒精含量，例如日本酒15％、苦艾酒等烈酒90％的濃度，醋酸濃度相當低。然而，醋酸的臭味和酸味強烈，當濃度超過4％，酸臭味更強，人類正常會拒絕攝取。

食醋的製作方法

食醋跟酒一樣都是發酵，透過醋酸發酵製成。酒精經由醋酸菌氧化成乙醛，再進一步氧化成醋酸。

鹿兒島市福山町的黑醋釀造廠。黑醋是米醋的一種，福山町留存許多從下料薩摩燒（苗代川燒）陶壺到熟成都採用傳統製法釀製黑醋的釀造廠。

利用米釀造米醋的基本製作方法如下：先將米蒸熟，混入麴，進行糖化，接著加入酵母發酵成酒精，再添加醋酸菌，將酒精轉為醋酸。

實際上，也有醋是利用日本酒粕製成。食醋包括米醋（米）、黑醋（米）、穀物醋（各種穀物）、紅酒醋（葡萄）、義大利香醋（葡萄）、蘋果醋（蘋果）等，種類包羅萬象。味道的差異大多來自主要原料的穀物、果實不同，糖化時使用的麴、貯藏年數等也會影響風味。

將各式各樣的水果醋、黑醋等以水或碳酸水稀釋、加糖，愈來愈多人喜歡喝這種酸甜飲品。除了享受素材的原味，也有助於增進健康。

食物中的酸

說到酸味，除了食醋成分的醋酸廣為人知，還有其他食物帶有酸味。檸檬、梅乾等酸味來自檸檬酸；紅酒的酸味來自酒石酸。

酸也能發揮鮮味，例如琥珀酸是為人所知的貝類鮮味，也是日本酒鮮味的一種來源。尤其稱為辛口的日本酒，含有許多琥珀酸。

另外，菠菜、芋頭等食材中含有草酸。觸摸削皮後的山藥或芋頭，手會感到痛癢，就是草酸鈣惹的禍。

Ⓓ醬油

對日本人來說，醬油跟味噌並列，是最常用的調味料。醬油的原料可分成由豆類、穀類、黃豆製成的穀醬，以及魚類、海鮮製成的魚醬。

穀醬

在蒸熟的黃豆、小麥等穀物，添加米或小麥製成的麴，以及鹽和水，發酵儲存後過濾、壓縮，搾取出來的液體部分就是穀醬。麴混雜了酵母、乳酸菌等各種微生物，這些微生物會將豆類和穀物中的蛋白質分解為胺基酸，轉變成鮮味。另外，透過將澱粉分解為麥芽糖、葡萄糖，增進甜味。再則，還會進一步形成酒精、乳酸等物質，所以醬油才會帶有獨特的味道與香氣。

醬油種類繁多，下面就來看常見的醬油。

●濃口醬油（濃味醬油）

最為一般的醬油，占醬油生產量的八成。原料為黃豆和小麥，鹽分濃度為16～18％。

●薄口醬油（淡味醬油）

以顏色淡薄為特色的醬油，占全醬油總生產量15％。原料跟濃味醬油相同，但為了釀出淡薄色澤，需要提高鹽分濃度、抑制發酵。鹽分濃度約19％，高於濃味醬油。淡味醬油常用於

濃口醬油

薄口醬油

白醬油

126

關西地區。

●白醬油

色澤比淡味醬油更淺薄。主原料為小麥，少量使用黃豆。熟成時間較短，特徵是清淡的味道和馥郁的香氣。另外，由於小麥是主原料，糖分較高也是其特色之一。適合食材原色、原味的料理，約占醬油總生產量1％。

●壺底醬油（壺底油）

主要生產於愛知、三重、歧阜等東海地區的濃厚醬油。原料幾乎為黃豆，添加極少量的小麥。特徵是色澤深濃、味道醇厚，除了一般料理，也用於佃煮、仙貝等加工。以前製作味噌時，會將積存於味噌上半部的滲出液體當作醬油使用，所以日文才稱為「溜まり」，有累積的意思。約占醬油總生產量2％。

●再釀醬油（再仕込み醬油）

主要生產於九州、山陰地區等的高級醬油，約占醬油生產量的1％。原料跟濃口醬油相同，特徵是將鹽水換成未經加熱處理的醬油，再次釀造，香氣比壺底醬油更強烈。

魚醬

鹽漬海鮮類長時間發酵熟成後，產生水分，製作成醬油。

壺底醬油

再釀醬油

魚醬廣泛生產於東南亞。

●鹽魚汁

　　生產於日本秋田縣的代表魚醬，以叉齒魚（雷魚）為原料，醃漬1～2年製成。秋田有「鹽魚汁鍋」「鹽魚汁貝燒火鍋」等使用鹽魚汁的傳統料理。尤其「鹽魚汁貝燒火鍋」，是以扇貝的貝殼代替鍋子，裝入鹽魚汁和少量的食材，是一人獨享的火鍋。

●魚汁

　　石川縣能登半島生產的魚醬，原料為北魷、沙丁魚、竹莢魚等各種海鮮類。

●玉筋魚醬油

　　香川縣的特產，以玉筋魚為原料。

●魚露

　　中國南部福建省、廣東省等地生產的魚醬。以剝皮魚等小魚為原料，特徵是發酵味比日本魚醬更強烈。

●Nam Pla

　　泰國的魚醬，也是泰國料理的調味基底。主要原料為鯷魚。

鹽魚汁的原料：叉齒魚

魚汁的原料之一：北魷

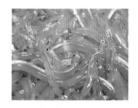

玉筋魚醬油的原料：玉筋魚

●Nuoc Mam

越南生產的魚醬，以沙丁魚、圓鯵魚為原料。

番茄醬原本也是一種魚醬

提到番茄醬（ketchup），大家腦中應該會浮現帶有番茄酸甜味、質地濃稠，來自歐美的紅色液體調味料吧。

然而，番茄醬的起源其實是亞洲。在東南亞，會將魚、水果、樹果等鹽漬品稱為ketchup。在中國，魚醬也稱為ketchup。

學者認為，可能是17世紀在東南亞進行貿易、殖民地經營的英國人，學會將番茄（此區域在17世紀學會種植番茄）醃漬ketchup醬汁的方法，並將其帶回本國發展。

第一次世界大戰後，番茄醬上市販售，進入英國的一般家庭使用。不久傳入美國，經由大量生產，發展至如今面貌。

魚露的原料之一：剝皮魚

Nam Pla的原料：鯷魚

Nuoc Mam的原料之一：圓鯵魚

Ⓔ味噌

味噌是以米、麥、黃豆等為原料，藉助麴菌力量製成的發酵食品。根據原料的不同，分為米味噌、麥味噌、豆味噌等；

根據製法的不同，則分為紅味噌、白味噌等。

根據原料分類

●米味噌

以黃豆和米麴製成的味噌，最廣為使用。紅味噌有津輕味噌、仙台味噌等；白味噌有信州味噌、西京味噌等。

●麥味噌

以黃豆和大麥或裸麥製成的味噌，發酵時使用麥麴。主要生產於九州、山口。

●豆味噌

以黃豆、豆麴製成的味噌，主要生產於愛知。岡崎市的八丁味噌是典型的豆味噌、紅味噌。

根據製法分類

●紅味噌

泛紅的色澤來自於黃豆、麴的胺基酸和糖分引起的梅納反應（Maillard reaction）。大量使用大火蒸熟的黃豆，經由長時間熟成，轉為色調深濃的紅味噌。紅味噌熟成時間長，為了延長保存，通常鹽分濃度較高，但味道相對醇厚。紅味噌大多生

米味噌

麥味噌

豆味噌

產於東北、中京地區。

●白味噌

　　將煮出糖分、蛋白質的黃豆，加入精白米、無色麴，短時間熟成的味噌。由於鹽分濃度較低，又帶有麴的糖分，味道偏甜。大多生產於關西地區。

●淡色味噌

　　介於紅味噌與白味噌之間，以信州味噌為代表。

知識面面觀MEMO

中國、韓國的味噌跟日本味噌的不同？

雖然提及味噌、醬油，容易讓人聯想到日本的傳統調味料，但源頭可追溯至中國和朝鮮半島。以下來看中國和韓國的味噌。

在中國，有好幾種相當於日本味噌的調味料。

●豆鼓：以黑豆為原料的味噌，是日本大德寺納豆的元祖。

●豆瓣醬：以蠶豆為原料的味噌，通常會加入辣椒。

●黃醬、大醬：以黃豆為原料的紅味噌。

●甜麵醬：以麵粉為原料的甜味噌。

這些是僅以植物為原料的產品，但其他混合魚、貝等的醬料（XO醬等）也可稱為味噌的一種。

在韓國，知名的有大醬、苦椒醬。

●大醬：以黃豆為原料的味噌。

●苦椒醬：以糯米麴和辣椒為主體，根據地區不同，會加入小麥、黍等。

紅味噌

白味噌

淡色味噌

Ⓕ香辛料

香辛料跟調味料一樣，是料理上不可欠缺的物質。多數香辛料都含有獨特的化學物質。

根據原料分類

辣椒類包括有鷹爪辣椒、紅甜辣椒（Paprika）等許多辛辣物。辣椒類的辣味來自辣椒鹼（capsaicin）成分，辣味的強弱可用辣椒鹼濃度來數值化，也就是1ppm[*]＝5史高維爾（Scoville）。這樣數值化後，哈瓦那辣椒（Habanero）是30萬史高維爾；鷹爪辣椒最高僅約有15萬史高維爾。但辣椒還有更辣的品種，斷魂椒可高達100萬史高維爾。

相反的，人們也開發出不辣的哈瓦那辣椒，以享受哈瓦那辣椒的風味。辣椒類的辣味源自附著種籽的胎座組織，去除這個部分能夠大幅降低辣度。

■主要辣椒的辛辣排行榜

名稱	主要生產地	史高維爾值
卡羅萊納死神辣椒	印尼	3,000,000
莫魯加毒蠍辣椒		2,000,000
斷魂椒	孟加拉、印度	1,000,000
沙維那亞伯內洛紅辣椒		250,000～580,000
哈瓦那辣椒	墨西哥	100000～350,000
卡宴辣椒	南美	100,00～105,000
小米辣	日本沖繩	50,000～100,000
紅番椒	泰國	50,000～100,000
鷹爪辣椒	日本	40,000～50,000
塔巴斯科辣椒	墨西哥、美國	30,000～50,000

---

* ppm：百萬分之一（parts per million）。1ppm意為1kg的辣椒中含有1mg的辣椒鹼。

胡椒

　　胡椒有白胡椒、黑胡椒、綠胡椒等許多種類，但同樣屬於
同一種胡椒。在完全成熟前收穫，長時間乾燥的是黑胡椒；短
時間乾燥或者用鹽醃漬的是綠胡椒。在完全成熟後，帶皮研
磨的是紅胡椒；去皮研磨的是白胡椒。辛辣成分都是胡椒鹼
（piperine）。

常用的白胡椒和
黑胡椒。綠胡
椒、紅胡椒能夠
讓料理的外觀看
起來鮮豔。

山葵

　　山葵是生魚片料理不可欠缺的香辛料，但山葵的辛嗆成分
並不在山葵中，而是磨碎時才會出現的味道。山葵含有名為黑
芥酸鉀（sinigrin）的物質，黑芥酸鉀磨碎後與氧氣發生化學反
應，轉為異硫氰酸烯丙酯（allyl isothiocyanate）才會形成辛嗆味。

　　山葵必須磨碎才能夠品嘗其辛嗆風味，因此有些人會使用質
地粗糙的鯊魚皮作為磨碎器。山葵也具有抗菌作用，據說江戶時
代的握壽司注重的不是山葵的辛嗆味，而是其抗菌作用。

　　山葵辛嗆成分的揮發性強，風味很快會消失殆盡。所以，

軟管包裝的山葵中，會將辛嗆成分封入約由6分子葡萄糖環狀結合的分子——環糊精（cyclodextrin）。如此一來，就能防止辛嗆味逸散，進入口中後，環糊精會與水發生作用，使辛嗆成分交換至環外，因此很快能感受到辛嗆風味。

山葵是日本特有的香辛料，但隨著壽司、生魚片的文化遍布全球，山葵的人氣也逐漸上升。近來，美國奧勒岡州（Oregon）、英格蘭等地都出現栽培山葵的農家。

蒜頭

蒜頭的氣味成分是蒜頭素（allicin），但蒜頭細胞中原本含有的是蒜胺酸（alliin），當細胞被破壞，經過酵素作用，才會轉為蒜頭素。

另外，大象蒜頭（Elephant garlic）是跟蒜頭長得相像的香料植物，但不是蒜頭，而是韭蔥的球根。雖然大象蒜頭沒有蒜香，但營養成分可媲美蒜頭。

全球皆有種植蒜頭，而日本青森縣產的蒜頭占日本生產量的80％。青森縣田子町生產的蒜頭尤以粒大肥美聞名。

香草

香草是常用於製作甜點的香料。香草是蔓性植物，藤蔓最長可達60公尺，可結出寬1公分、長15～30公分、形似菜豆的果實，果實中塞滿了無數微小的黑色種籽。然而，在這個階段還沒有其獨特的香甜氣味，要將種籽乾燥、發酵，才會產生氣味物質——香草精（vanillin）。

香料與油

一般來說，香辛料的香氣和辛辣成分能夠溶解於油中。咖哩料理的油也溶有香辛料，咖哩剛煮好的油粒子比較大，大量的香辛料接觸部分舌頭後會產生強勁的咖哩味。然而，放置一天後，從食材釋出的各種成分漸漸與油融合，使得油粒子變小。這就是咖哩味道變「醇熟」「圓潤」的原因。

知識面面觀MEMO

使紅酒酸味變甜的物質

紅酒的酸味來自酒石酸，酒石酸跟鉛Pb結合形成酒石酸鉛後會變甜。因此，在古代羅馬，曾經有過使用鉛製鍋具溫熱紅酒來喝的習慣。然而，鉛是神經性毒物，尼祿（Nero）、卡利古拉（Caligula）等羅馬皇帝的異常行為，據說就是鉛中毒惹的禍。

在近代歐洲，也有在紅酒中撒氧化鉛白色粉末（就是以前所謂的白粉）的習慣。關於貝多芬的聽覺障礙，有一種說法是，因為他很喜歡使用氧化鉛。

4-3 調味順序會影響風味

添加多種調味料時,調味的順序相當重要。在日本,調味的順序是①砂糖、②鹽、③醋、④醬油、⑤味噌。這個順序有什麼根據嗎?另外,在這些調味順序之前,日本料理還有預先調味的步驟。

Ⓐ預先調味的效果

在料理烹飪中,「調味」的處理可分為兩個階段。第一階段是「預先調味」(下味),第二階段的正式調味,會根據預先調味的情況來調整。

什麼是預先調味呢?預先調味就是指在正式料理前調整食材的味道。透過預先調味,能夠去除肉、海鮮的腥味,使肉質緊緻不易變形,堅硬的食材容易軟化等。

換言之,「預先調味」的處理,除了進行調味,同時也會事前處理食材。日本料理重視天然培育的食材,天然食材有許多優點但也有缺點,例如澀味、腥味,視情況,甚至有危害性。

想要去除食材缺點,當然要下一番工夫與努力——去除澀味、事前處理、預先調味。

魚類預先調味——
撒鹽。

知識面面觀MEMO

鰹節的乾燥法

鰹節是由鰹魚製成的乾貨，俗稱柴魚，乾燥得像木片和石頭一樣硬。怎麼做才能乾燥得如此硬梆梆呢？

製作鰹節時，要先處理鰹魚，切成長條狀，煮熟後燻製乾燥，最後再讓它發霉熟成。霉菌會在鰹魚中長根、吸收內部的水分，最大限度地乾燥鰹魚。

例如為花盆澆水時，健康植栽內的水隔天就會乾涸，但孱弱植栽花盆中的水幾乎沒有乾涸。植物透過根部吸取土壤內部的水，然後從葉子蒸散。利用發霉熟成也是同樣的原理。

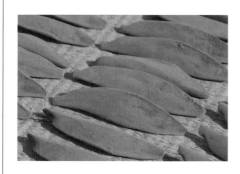

製作本枯鰹節必須「發霉熟成」。

Ⓑ最先放入糖的理由

除了增加食材的甜味，糖還有軟化、增進光澤、去除臭味等各種作用。

一般來說，調味料要通過細胞膜才能滲進食材中，細胞膜為半透膜，體積大的分子基本上難以通過。不同調味料的分子體積不同，糖的分子非常大，需要較多時間才能滲進細胞。因此，料理時應盡早放入糖。

ⓒ第二放入鹽的理由

細胞放進溶液（水）後，細胞內的水分會因滲透壓的影響跑至外部，造成煮汁變淡、細胞萎縮變硬。

如同前述，滲透壓跟溶液的莫耳濃度成正相關。鹽的分子量為56、砂糖為332，由此可知，以相同重量的鹽和砂糖作比較，鹽對滲透壓帶來的影響是砂糖的6倍大。

因此，以燉煮方式處理的料理，必須在早期階段就放入鹽。

ⓓ接著放入醋、醬油、味噌的理由

其實，有一種說法是，需要注意順序的僅有砂糖和鹽，剩下的調味料不必過於拘泥。

雖說如此，但太早放入醋會造成酸味消失。醋酸沸點雖然是比水高的118℃，但醋酸液體的量遠少於水，可能在加熱的過程中揮發。

醬油、味噌兩種調味能夠增添香氣、風味，如果太早放入，料理完成時可能風味盡失。

以燉煮方式進行料理時，調味的基本順序是①砂糖、②鹽、③醋、醬油、味噌。

知識面面觀MEMO

一次高湯與二次高湯

　　使用昆布和鰹節（柴魚）熬煮高湯時，要先將昆布放入水中加熱。快要沸騰時關火，加入鰹節，直接用棉布過濾後的汁液，稱為一次高湯。香氣鮮明，適合製作清湯。

　　將殘留於布巾上的昆布和鰹節重新放入水中，加熱10分鐘使其沸騰再過濾後的汁液，稱為二次高湯。味道濃醇，適合製作味噌湯、燉煮食材。

　　如果使用高級昆布，可再進行同樣的步驟，熬製三次高湯。若無法三度熬煮，可取出昆布、鰹節，炒乾加入調味料乾燥，製成美味的拌飯香鬆。

■一次高湯的熬煮方式

①將昆布放入水中。

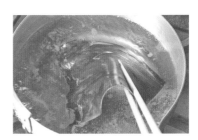

②在水沸騰之前取出昆布。

③在②中加入鰹節（柴魚）。

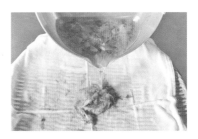

④待鰹節浸泡30秒後，過濾完成高湯。

4-4 人工香料

現代料理使用的調味料，並非僅有天然物質，還有許多在工廠經由化學反應合成的物質。這節就來討論幾種化學製作的調味料。

Ⓐ人工甜味劑

大部分的加工食品、飲料皆含有人工甜味劑（人工甘味料），幾乎所有的人工甜味劑都比砂糖還甜，熱量又低，對努力減肥的現代人或糖尿病患者相當便利。此外，價格也比較便宜，適合食品公司投入大量生產。

然而，人工甜味劑時而被貼上具有危害性的標籤，時而又被撕掉標籤，毀譽參半。

日本時下熱門話題的「特定保健」飲料可口可樂Plus，標榜「零熱量」，甜味劑主要使用人工甜味劑，未使用來自糖類的甜味劑。成分中的「阿斯巴甜（E951）」「安賽蜜（E950）」「蔗糖素（E955）」屬於人工甜味劑。

---

* 臺灣可口可樂Plus是標示「甜味劑（951、950、955）」，數字為食品添加物國際編碼。

■可口可樂Plus成分標示的甜味劑

糖精（甜度為砂糖的350倍）

糖精是人工甜味劑的濫觴，自1878年在美國發明以來，持續使用了數百年之久，甜度為砂糖的350倍。在第一次世界大戰缺乏甜食的時候，糖精被視為重寶，一躍成名。然而，糖精被認為可能具有致癌性，1977年後被禁止使用。不過，在1991年洗刷冤屈，再次獲得使用許可，延用至今。

甜精（甜度為砂糖的250倍）、甜蜜素（甜度為砂糖的30～50倍）

繼糖精之後，1884年發明了甜精；1937年發明了甜蜜素。然而，甜精因毒性於1969年被禁止使用，甜蜜素也被指出具有危害性，但尚未全面禁止使用，各國因應方式不同。日本是全面禁止使用，但歐盟、加拿大、中美各國則是允許使用＊。

阿斯巴甜（甜度為砂糖的200倍）

現在，清涼飲料添加的甜味劑大多都是人工合成品，其中使用頻率最高的是阿斯巴甜。這種物質是必需胺基酸天門冬胺酸（aspartic acid）和苯丙胺酸（phenylalanine）的結合物，近似蛋白質。在此之前傾向認為「甜味劑是碳水化合物」，所以屬於蛋白質的阿斯巴甜的發明，令化學家感到驚豔。

然而，對先天性障礙苯酮尿症（phenylketonuria）患者來說，苯丙胺酸會產生毒性，因此必須小心使用阿斯巴甜。

＊譯註：臺灣僅允許部分食品使用甜蜜素。

安賽蜜（甜度為砂糖的200倍）

安賽蜜（acesulfame potassium）跟阿斯巴甜一樣，常用於清涼飲料。這款化合物的結構近似糖精，姑且不論甜味強度，安賽蜜與阿斯巴甜混合併用可產生近似砂糖的味道，所以被廣泛運用。

蔗糖素（甜度為砂糖的600倍）

蔗糖素（sucralose）的名稱跟蔗糖化學名（sucrose）相似。如同其名，分子結構也近似蔗糖。

蔗糖素的問題在於，是將蔗糖的8個羥基OH中，其中3個換成氯原子Cl。含有氯的有機化合物稱為有機氯化合物，過去用於製作殺蟲劑DDT、BHC，現在被視為PCB、戴奧辛等公害物質的代表，因此令人質疑。

安賽蜜的安全性過去曾在日本國會上遭受質疑，但現在已經證明能夠安全食用。

最甜的化學物質

化學的進步日新月異，現在除了理論上不可能證明的分子，人類想製作的分子幾乎都有可能合成。

人工甜味劑也是如此，人類已製出最甜分子Lugduname，甜度竟高達砂糖的30萬倍！然而，目前尚未確認其安全性，現階段還不能使用。

化學的力量不容小覷。只要有其必要，無論是天使還是惡魔，都有可能利用化學製作出來。化學必須受到嚴格的監控，在遺傳基因的研究上已經導入相關的系統。

柿乾與魷魚乾的白色粉末

　　柿乾是乾燥澀柿的乾貨，魷魚乾是乾燥魷魚的乾貨，雖然外觀、味道皆不同，但兩者皆具有表面附著白色粉末的共通點。這究竟是否為相同物質呢？

　　柿乾的白色粉末有時也稱為柿霜，是果糖的糖分。因此，舔食會產生甜味，白色粉末愈多代表柿乾愈甜（但若是附著藍色粉末有可能是發霉，需要小心注意）。

　　與此相對，魷魚乾的白色粉末是蛋白質分解形成的麩胺酸、天門冬胺酸等胺基酸與牛磺酸（taurine）混合物。雖然魷魚乾的白色粉末不甜，但含有益成分，尤其牛磺酸被認為具有提高肝臟機能的效果。

乾柿表面的白色粉末是甘甜的證明。

魷魚乾的白色粉末是鮮味的標記。

Ⓑ化學調味料

　　化學調味料就像是味精的代名詞，但現在的味精已經不是化學合成，而是經由微生物發酵製成。味精的主要成分是自然界常見胺基酸的一種──麩胺酸。味精起初是來自昆布萃取的天然物，後來經過工廠化學合成，現在是以甘蔗榨汁萃取砂糖後的廢液（廢糖蜜）為原料，經由微生物發酵製成。就這層意

義來講，味精可說是天然物質的一種。

例如，蒸餾酒的蘭姆酒是利用廢糖蜜，經由微生物酵母的酒精發酵製成，但一般人並不認為蘭姆酒是「化學酒」。

ⓒ人工香料

香料不太具有營養和熱量，但在刺激食慾方面卻不遜於調味料。然而，能夠取得天然香料的季節有限，而且有些香料的價格還昂貴。於是，人們投入研究如何化學合成天然香料的香味成分，由此合成出來的物質，就是人工香料。

人工香料分為直接合成香草精、薄荷醇（mentho）等天然物的氣味分子，與人工製造跟天然物不相關的固有（令人喜歡）香味。

現在，通過日本食品衛生法認可的人工香料多達132種。香料未必都是單獨使用，經過適當組合，能夠模倣近似大部分天然香料的香味。

香味與分子

目前已知，香味、氣味是分子吸附人類的嗅覺細胞膜所產生，但其詳細的交互作用仍舊不明。我們不曉得為何香味分子會具有香味。

麝香是一種著名的香水原料，香味分子稱為麝香酮（muscone），是構造簡單的環狀分子。不過，人工合成類似此結構的環狀化合物，能夠產生比麝香酮更為強烈的氣味。由此可知，改變環狀結構的環大小，氣味的強弱會跟著變化。

那麼，散發麝香的僅有麝香酮環狀分子嗎？答案是否定的。即便是結構跟麝香酮無關的分子，雖然分子形狀不同，也會散發麝香的香味。嗅覺的機制尚有許多待研究的地方。

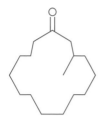

■天然麝香酮

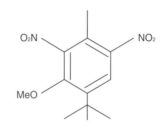

■散發麝香的人工香料

薄荷醇的合成

薄荷（mint）的香味成分來自薄荷醇物質（分子），分子式為$C_{10}H_{20}O$，在天然物中屬於小分子。不過，這個分子存在8種立體結構相異的同分異構物。在這8種同分異構物中，僅有(-)-薄荷醇具有薄荷香味。

胡椒薄荷常見於西洋甜點、西洋料理，是帶有清爽香味的香料植物。

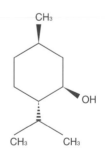

(-)-薄荷醇，廣泛用於口香糖、糖果等食品，以及芳香劑、醫藥品。

想要在這麼多種立體異構物中，僅選擇特定種類進行合成（稱為「不對稱合成」asymmetric synthesis），是相當困難的事。然而，野依良治博士完成了這項技術，於2001年因不對稱合成的研究獲得諾貝爾化學獎。現在，每年合成的薄荷醇有100公噸以上。

麝香的香味

關於麝香的香味有一個化學問題：結構跟麝香酮似是而非的分子，也會散發麝香的香味。

麝香是美好的香味，能夠使人進入祥和的境界。然而，如果這個麝香是麝香酮以外的物質散發出來，嗅聞香味的人會發生什麼事呢？雖然一樣會進入祥和的境界，但惟恐吸進具有致癌性的有毒化合物，真是恐怖至極。

現今盛行藉由香味達到放鬆效果的芳香療法，除了香味（氣味）好不好聞，也要注意氣味物質的安全性。

麝鹿是一種長相近似鹿的草食動物，雄鹿下腹部的香囊會分泌吸引雌鹿的香味，那就是麝香。麝香會促進人類性興奮，自古便用於香水、生藥。現在麝鹿數量減少，已被列為保護對象，因此想要取得天然的麝香極其困難。

第5章

保存的科學

　　料理就像活生生的生物，會隨著時間產生變化。如果可以，食用剛做好的料理最為理想，但有時情況不允許如此，必須事先做起存放，或吃剩的菜餚須留到明天再吃。

　　不同料理的保存期限也不同，例如咖哩等可保存數天，但另有一些食物如醃漬品、熟鮓等需要存放數個月才能食用。

　　食物的保存過程中會遇到變質的問題，尤其是腐敗。腐敗是病原菌繁殖所引起，多數腐敗現象會伴隨氣味和味道的變化，只要注意就能預防。其而，當中也有變化不明顯的腐敗。

　　想要安全地保存食品，該怎麼做最正確？

5-1 腐敗與中毒

進入梅雨季後，特別需要小心食物中毒。然而，食物中毒並非僅限定於梅雨季，而是整年都可能會發生。

一般來說，食物中毒可分為：①細菌性中毒、②病毒性中毒、③化學性中毒、④天然食物中毒、⑤寄生蟲中毒等。其中，③化學性中毒是指，砷等毒性物質引起的中毒，④天然食物中毒是指，菇類、河豚等天然食物引起的中毒，如第1章所述（43頁）。⑤寄生蟲中毒，是指日本血吸蟲等寄生蟲引起的中毒。

在本章，會討論上述的①和②，也就是與細菌、病毒有關的食物中毒。

Ⓐ 發酵、腐敗、熟成，三者有何不同？

提及食物中毒，最先浮現腦中的是「腐敗」。因為吃進腐敗食品引起食物中毒的案例非常多。那麼，什麼是腐敗？

腐敗是指，食物遭受雜菌入侵，轉為有害物質。一般所謂的雜菌其實分為兩種，一種是微生物，另一種是非生物物質。

然而，食物經由「微生物」轉為其他物質的現象，並不僅是腐敗。前面提到的酒精發酵（27頁）就是典型的例子，其他還有許多類似的例子，如味噌、醬油釀製等。不過，這些稱為「發酵」，而不是「腐敗」。

　　發酵與腐敗的區別在於對人類的益害，對人類有益的稱為發酵，有害的稱為腐敗。那麼，近來常聽聞的「熟成肉」中的「熟成」指的是什麼呢？

　　這種熟成不是細菌作用引起的，而是蛋白質經由肉中原本存在的酶，分解為鮮味成分的胺基酸。

知識面面觀MEMO

什麼是無菌豬？

　　近來經常聽聞無菌豬一詞。一般豬帶有E型肝炎病毒、寄生蟲等各種麻煩問題，所以我們才會說豬肉不可生吃。

　　不過，近來市場上出現名為SPF豬的豬肉，標榜「這種豬隻無菌，可以生吃」等。然而，SPF豬並非真正的無菌豬。

　　SPF豬的祖父母，是在可稱為無菌豬的無菌狀態下誕生（剖腹生產）、飼養，但其後代，也就是SPF豬的父母，並非在絕對無菌的狀態下誕生、飼養，而是一般分娩生產，在接近無菌的環境和飼料下飼育。

　　SPF豬是一般生產，飼育在過度保護的環境，或許可稱為上流階級豬吧？簡單來說，就是在清潔的環境下，食用清潔的飼料，成長茁壯。SPF豬絕對不是真正的無菌，所以不能夠生吃。

■SPF豬的身世

世代	第1代（祖父母）	第2代（父母）	第3代（子孫）
無菌／SPF豬	在無菌狀態下誕生飼養的豬隻	初代SPF豬	二代SPF豬
誕生	—	由初產的母豬剖腹生產誕生	一般生產
飲料與飼料	殺菌過的水與飼料	殺菌過的水與飼料	殺菌過的水與飼料
飼養環境	無菌狀態的環境	近似無菌狀態的環境	近似無菌狀態的環境

Ⓑ 雜菌是生物？

一般來說，引起食物中毒的原因，是吃進遭受雜菌汙染的食物。那麼，什麼是雜菌呢？

引起食物中毒的雜菌可分為兩類：**細菌**和**病毒**。兩者通常被當成是相同的東西，但其實完全不同。細菌是生物，而病毒是沒有生命的物質。

細菌和病毒皆具有DNA，能夠自我增殖，所以有些人主張兩者皆為微生物，但卻存在3項決定性的差異：

①**尺寸的不同**：病毒的尺寸僅有細菌的1／100左右。

②**細胞膜的有無**：細菌具有細胞膜，但病毒沒有。

③**養分的攝取**：細菌會自行攝取營養，但病毒不會。

這些差異代表的意義如下：上面的②是「病毒不具有細胞膜，因此沒有完整細胞結構」，現代生物學不承認缺乏細胞結構者為生物，所以病毒不是生物而是物質，亦即「可自我增殖的毒素」。

根據③，「病毒必須寄生宿主才能夠增殖」。換言之，病毒不在生物體內就無法繁殖。

食物不是生物，所以病毒沒辦法在食物中增殖，而細菌能夠在食物中增殖，這是非常大的差異。

Ⓒ 細菌與病毒的種類

引起食物中毒的雜菌種

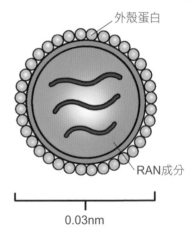

外殼蛋白

RAN成分

0.03nm

■病毒的結構

類繁多，主要的雜菌整理如下表，從表中清楚可知細菌的種類多於病毒。

細菌可分為3種：細菌本身為食物中毒的原因（感染型）；細菌釋出的毒素為中毒原因（毒素型）。毒素型可進一步再分出體內毒素型：細菌在食品中滋生、釋出毒素，與進入體內才釋出毒素。

另一方面，病毒包含諾羅病毒、B型肝炎病毒、E型肝炎病毒等，但近來病毒性食物中毒，有90％是由諾羅病毒引起的。

■ 雜菌的種類

種類		病因物質	感染源	造成中毒的食物等
細菌	感染型	沙門桿菌	畜肉、雞肉、雞蛋	蛋加工品、食用肉等
		腸炎弧菌	生鮮海產	生魚片、壽司、便當等
		曲狀桿菌	豬肉、雞肉	雞肉、飲料等
	毒素型	葡萄球菌	手指化膿	泡芙、飯團等
		肉毒桿菌	土壤、動物的腸道、海鮮類	
	體內毒素型	病原性大腸菌	人、動物的腸道	飲料、沙拉等
病毒		諾羅病毒等		貝類
		B型肝炎病毒		
		E型肝炎病毒		

肉毒桿菌和病毒留到下一節再細說，這邊先來認識其他引起食物中毒的主要細菌。

沙門桿菌

從動物的腸道到地下水、河川等，細菌存在於自然界的每個地方，在人類腸內增殖後會引起食物中毒症狀。沙門桿菌可能附著於雞蛋外殼，生食雞蛋需要特別注意。

腸炎弧菌

別名是海鮮弧菌，這種細菌常見於海水中。因此，腸炎弧菌是海鮮類，尤其是生魚片引起食物中毒的原因。根據報告指出，腸炎弧菌引起的食物中毒案例，跟沙門桿菌一樣多。

曲狀桿菌

棲息於牛、豬、雞等腸道的細菌。雖然不耐熱、不耐乾燥，可長存於10℃以下的低溫。因此即便是將食物保存冰箱中，也應該避免生肉與其他食物有接觸。

葡萄球菌

這種細菌普遍存在於人類皮膚、黏膜、傷口等處。附著在食物上開始繁殖後，葡萄球菌會產生腸毒素（enterotoxin）。這種毒素相當頑強，即便100℃加熱30分鐘也不會失去毒性，因此只能採用避免感染來做預防。

病原性大腸菌

　　大腸菌是棲息於人類腸道的常見細菌，但有些大腸菌會在人體內產生毒素，引起食物中毒症狀。病原性大腸菌存在許多種類，例如釋出毒性強烈Vero毒素的O157大腸菌。

> **知識面面觀MEMO**
>
> # 巴斯德的實驗
>
> 　　現在我們知道，雜菌會在生物上滋生，但直到約150年前，人類認為雜菌是由食物轉變而來。
>
> 　　法國科學家巴斯德（Louis Pasteur）證明雜菌是微生物、「腐敗是肉湯中的東西增殖所引起的」。
>
> 　　他準備了普通的燒瓶A，與頸部細長彎曲兩次的燒瓶B，兩者皆裝入肉湯放置。三天後，僅有燒瓶A的肉湯腐敗。換言之，A遭受外部雜菌源的入侵增殖，但B因細長彎曲口頸使得雜菌源無法進入，沒有發生增殖。雖然這項實驗在技術上相當簡單，但證明了雜菌不是食物轉變而來，而是存在於外界的「其他東西」。這場實驗堪稱劃時代。巴斯德於1895年逝世。
>
>
>
> 路易‧巴斯德（1822－1895）開發牛乳、紅酒、啤酒等的低溫殺菌法，以及疫苗預防接種等法國細菌學家、生化學家。

5-2 食物中毒與細菌、病毒的關係

　　食物長時間放置室內會引起腐敗。腐敗是指，食物中的有機物經由細菌作用變質的現象。蛋白質腐敗後會產生腐敗胺的含氮化合物，散發獨特的「腐敗味」臭味，接著產生有機酸，出現酸味等特有的味道與臭氣。

　　如同細菌有許多種類，引起腐敗的細菌，作用方式也是包羅萬象，以下將細菌造成的危害分為三類，進行說明。

Ⓐ細菌本身造成危害

　　細菌本身造成危害，是最容易理解的情況。跟腐敗有關的細菌，是藉由細菌內部的酶的作用使食物腐敗。151頁表中的感染型細菌就屬於此類。

　　想要防止這類雜菌造成腐敗，必須消滅細菌，也就是利用殺菌劑或加熱等方式殺死細菌。

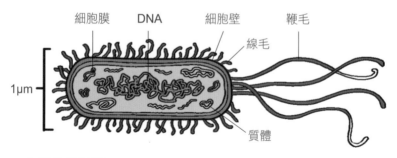

■**大腸菌的結構**

　　然而，有一個問題——細菌會將內部的酶釋放到外界，這就是發生在食物中的實際情況。如果發生這種情況，使用殺菌劑也無濟於事，殺菌劑雖可消滅細菌，但對非生物的酶沒有作用。

　　不過，酶是蛋白質。蛋白質經過加熱就會變性，失去功能。因此，不必使用殺菌劑，加熱處理便有殺菌效果。簡單來說，加熱食物確實是最有效的殺菌法。

知識面面觀MEMO

大腸菌對人類的益處

　　生物界可說是弱肉強食的世界，但並非全部都是弱肉強食的關係，還有許多像迪士尼動畫中的小丑魚尼莫和海葵和睦共存的例子。

　　人類腸道內共生了龐大數量的細菌，1公克糞便裡頭棲息了1000億個以上的腸道細菌。其中，大腸菌的個數有1億，但數量雖多，僅占腸內全部細菌的1000分之1。

　　姑且不論數量多寡，大腸菌在腸道內做什麼事呢？既然是跟人類共生，理應對人類有所助益。若非如此，在人類漫長的演化歷史中，大腸菌應該會遭到人體排除。

　　大腸菌的作用仍有不明確的部分，但學者指出，大腸菌具有修復腸道損傷的作用，且能合成維生素B群、K。隨著研究進行，肯定會發現更多大腸菌帶來的貢獻。

Ⓑ細菌釋出毒素造成危害

毒素型細菌會釋放毒素，毒素會造成食物腐壞。換言之，造成危害的不是細菌本身，而是細菌產生的毒素對人類造成危害。

在食物中釋放毒素

毒素型細菌分為兩種：在食物中繁殖並產生毒素的細菌，與進入人體後釋放毒素的體內毒素型。

細菌釋放的毒素是蛋白質的一種，加熱就會變性，失去毒性。然而，這僅是「充分」加熱的情況。料理使用的熱，溫度沒有高到能夠完全使所有毒素失去毒性，即便認為已經充分加熱的食物，內部也有可能溫度不夠高。另外，有一種葡萄球菌毒素，即使100℃加熱30分鐘也不會發生變性。因此必須注意不要接觸可能有危險性的食物。

恐怖的肉毒桿菌

麻煩的是，例如肉毒桿菌，這種細菌會轉為芽孢型態。如同前述，肉毒桿菌釋放的毒素是劇毒，但因為是蛋白毒，只要加熱就會失去活性變成無毒。殺菌參考指標為80℃加熱30分鐘，或100℃加熱數分鐘。

然而，肉毒桿菌本身耐熱，想要使其失去繁殖力，必須100℃加熱6小時。此外，這種菌還會轉為芽孢型態，進入休眠狀態，芽孢要用120℃加熱4分鐘以上才會失去活性。在實際生活中，一般家庭料理的溫度無法使肉毒桿菌失去活性。

　　肉毒桿菌為厭氧性菌，會在缺乏空氣處繁殖。例如，蜂蜜中有很高的機率有肉毒桿菌，需注意不要餵食幼兒。

知識面面觀MEMO

芥末蓮藕事件

　　芥末蓮藕是一種日式菜餚，在煮熟的蓮根孔中填塞芥末泥，略微炸出薄麵衣，是熊本縣特產。1984年6月，芥末蓮藕發生肉毒桿菌引起的集體食物中毒事件，36位患者中有11位死亡，是一起重大事件。許多人會購買芥末蓮藕作為旅行的伴手禮，因此當時患者遍布約10個縣市。

　　官方查明，芥末粉因故附著肉毒桿菌，在真空包裝的厭氧性條件與適當溫度的條件下，造成肉毒桿菌大量繁殖。

　　肉毒桿菌有鬆弛肌肉的作用，在美容醫學中可用於消除臉上的皺紋。將精製的肉毒桿菌注射進眼角，能夠鬆弛肌肉，消除皺紋。然而，效果僅是暫時性的，想要長期消除皺紋，需要定期挨痛打針。

熊本縣代表性伴手禮——芥末蓮藕。清脆的口感與嗆鼻的辛辣味，讓人欲罷不能。

細菌進入人體釋放毒素

　　有些細菌是進入人體以後，也就是進入消化道後，才釋放毒素（體內毒素型細菌）。人體難以分解、去除這種細菌釋出的毒素，預防的方法只有避免這類細菌進入人體，防禦對策與感染型細菌相同。

ⓒ病毒造成危害

冬天發生的食物中毒，有90％是諾羅病毒所引起。

1968年，美國俄亥俄州（Ohio）諾沃克（Norwalk）小學發生集體食物中毒，在患者的糞便中發現了諾羅病毒，於是根據地名命名為諾羅病毒（Norovirus）。

如150頁所述，病毒必須有宿主才能增殖，在食物中無法自行增殖。諾羅病毒會在人類、牛隻的腸道中滋生，經由糞便、嘔吐物排出體外，再經由徒手接觸或者飛散於空中的飛沫，進入人體感染。

另外，糞便排出至海水以後，諾羅病毒會進入雙殼貝中。雖然諾羅病毒不會在雙殼貝中繁殖，但人類吃進身體後就會增殖。

諾羅病毒是耐熱、耐酸的病毒，若不充分加熱食物，便無法殺滅，醋酸處理的「醋漬物」也無法消滅諾羅病毒。另外，諾羅病毒吃進體內後不一定會產生上吐下瀉的症狀，可在無自覺症狀情況下，存在於人體腸道中。

洗手是最有效的預防感染方式，尤其從事餐飲工作的人，更應該仔細把手洗乾淨。諾羅病毒引起的食物中毒症狀有37～38℃左右的發燒，伴隨嚴重腹瀉、嘔吐，但值得慶幸的是，大部分2～3天左右就能自行恢復。

吃生食或未充分加熱的食物

諾羅病毒

食用

乾燥的病毒、附著手上的病毒

吸進口中

料理、食物

感染

在腸道中增殖

雙殼貝

途徑②

糞便、嘔吐物

途徑①

感染的廚師

途徑③

河川

下水道

海

■諾羅病毒的感染途徑

Ⓓ如何避免病菌危害？

想要保護食品遠離病菌，需要注意哪些事情呢？

保持身體清潔

保持清潔是最簡單、最基礎，也是最有效的方法。

　　從事餐飲工作的人，保持身體清潔、勤洗手，是基本中的基本。另外，葡萄球菌存在於人的皮膚和黏膜，尤其是傷口特別多。所以，嚴禁以有傷口的手處理食物，若無法避免，則必須採取穿戴塑膠手套等措施，小心注意。

保持烹調器具的清潔

　　保持烹調器具的乾淨非常重要，尤其需要注意的是砧板。砧板每次使用過，菜刀都會切出凹陷傷痕，形成病菌絕佳的棲息地。砧板僅用清水沖洗，無法完全除去髒汙和病菌，因此用完砧板需要用中性清潔劑仔細清洗，或用熱水燙進行熱處理，或曬太陽、進行紫外線消毒等保養。

　　菜刀是容易忽略掉的地方，處理海鮮類的刀具可能沾染腸炎弧菌、諾羅病毒，拿這樣的刀具切生食、製作沙拉可就慘了。因此必須勤勞清洗刀具。

　　另外，抹布、水槽、三角瀝水籃等，無疑是病菌的天堂。銅有殺菌作用，所以使用銅製的三角籃也是一種方法，這樣就不容易出現黏滑感。三角籃建議不要堆積垃圾，要經常保持清潔。

5-3 利用加熱防止腐敗

一般家庭中，想要抑制雜菌繁殖，防止食物腐敗，最簡單有效的方法就是加熱。

Ⓐ高溫殺菌

從物質方面來說，細菌和病毒都是有機物，而且細菌是生命體，對熱的抵抗力明顯不足。雖然病毒不是生命體，但其表面覆蓋有蛋白質，蛋白質如同前述會發生熱變性（96頁）。

砧板的菜刀傷痕會附著細菌，而且經常弄濕，是雜菌容易滋生的地方。使用後請記得用中性清潔劑清洗、乾燥，同時也別忘了用熱水燙消毒。

換言之，想要殺菌，加熱對細菌和病毒都非常有效。然而，想要用加熱作為有效的殺菌方法，必須滿足一些條件。

熱水殺菌較有效

熱的傳播方式有輻射、傳導、對流三種，對殺菌特別有效的是傳導熱。為了讓傳導熱發揮殺菌作用，需要經由水來傳播熱能，也就是運用水的加熱方式比較有效。

運用輻射熱殺菌時，食物內部的加熱容易不夠充分，除了對流式烤箱等例外，在一般家庭廚房的條件下產生的對流空

氣，通常溫度都不夠高。

因此，相較於這些加熱方式，飲料的煮沸消毒可說是非常有效的方法。另外，對食物澆熱水的烹調法，例如製作鯛魚生魚片之前的「霜降」等烹調方式，不論在提升味覺還是殺菌方面，都可說是合理的料理方式。

食物的內部亦須注意加熱，因此將食物串刺，尤其是用金屬串刺，也是有效的做法。烤雞串等串燒料理，外部是以輻射熱烤得酥脆，內部是運用竹、木、金屬等工具，將傳導熱導入食物內部，緩緩烤熟。

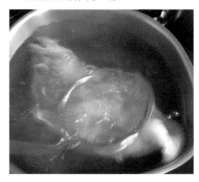

切成三個部分的魚，表面塗鹽略醃一下，先略為過水，再以熱水汆燙。

當生魚片表面的顏色出現變化，趁魚肉內部尚未過熱的時候撈起，隨即置入冰水增加魚肉的彈性。

溫度愈高愈有效

加熱的溫度愈高，殺菌愈有效。一般家庭的加熱器，可使用壓力鍋這種能夠進一步提高溫度的調理器。完全密閉的壓力鍋內因水蒸氣形成高壓，使鍋內的水溫超過100℃，非常適合用來殺菌。罐頭也是在密閉狀態下加熱，情況跟壓力鍋一樣。

另外，保久乳同樣是以高溫的短時間加熱方式來殺菌。

知識面面觀MEMO

耐高溫的細菌

　　肉毒桿菌等細菌會形成芽孢狀態，細菌在芽孢狀態期間非常耐熱，需要特別注意。對付這類細菌，間歇滅菌法（fractional sterilization）非常有效，這是反覆高溫加熱與常溫放置的方法。

　　當降溫到適合細菌增殖的溫度，肉毒桿菌會從芽孢變回一般狀態，間歇滅菌法就是瞄準此狀態提高溫度的加熱法。然而，這種做法僅適用於食品行業，不適合一般家庭。

Ⓑ低溫殺菌

　　細菌是生物，理所當然跟人類一樣複雜，無法輕鬆對付。

　　溫度愈高，殺菌效果愈好。然而，殺菌又與（溫度）×（加熱時間）的乘積有關。即便是低溫（63～65℃），只要長時間加熱，細菌也會「認輸」。這就是暖暖包造成低溫燙傷的原理。因此低溫殺菌經常用於牛乳等含蛋白質飲料，若用高溫殺菌，食物會變質，損害風味。

Ⓒ冷凍殺菌

　　將食物提高溫度以殺菌，是各種加熱殺菌的做法。相反的，如果是冷卻，也就是將食品冷凍，能夠殺菌嗎？

　　先講結論，事實上冷卻無法殺菌。若是使用液態氮（沸點－196℃）還有可能，但一般家庭廚房能夠達到的低溫，實

在無法殺菌。

　　冷凍能夠做到的僅是減少細菌活動，也就是抑制細菌的繁殖。細菌在冷凍狀態下不會死亡消滅，只是在嚴酷的環境中休眠。

　　正因為如此，解凍後恢復正常環境，細菌就會恢復「黃金時期」的狀態。此外，由於在冷凍狀態的食物內部，水會結凍成大結晶冰，壓破細胞膜，造成細胞液流出，這種狀態很適合細菌生存。所以解凍狀態的食物，很有可能被細菌汙染，需要十分注意。

　　會因冷凍受到傷害的是寄生蟲等比細菌更高等的生物體。因此，日本從前的鮭魚生魚片，是指冷凍狀態直接切成薄片的凍生切片。近年來，多虧養殖鮭魚流通市面，鮭魚現在一般都是直接切成生魚片來享用。

　　然而，並非所有寄生蟲都會被凍死，曾經發生過一起案例，鹿肉凍生切片罹患寄生蟲，造成食用者中毒，所以要小心注意。

紅鮭的凍生切片。直到20年前左右，鮭魚類因有寄生蟲而不直接生食。過去的生魚片是先將魚肉結凍，再作成凍生切片食用。如今能夠在生魚片、壽司的主料上輕鬆吃到生鮭魚，是挪威等地導入養殖鮭魚後的事情。

知識面面觀MEMO

輻射線殺菌

　　原子核崩壞（核變）產生的輻射線有高能量，對生物來說非常有害。不過，對生物有害，也就表示能夠用來撲滅病菌。

　　用來殺菌的輻射線，包含電子的β射線、高能量電磁波的γ射線，兩者皆經證實能夠有效殺死細菌，同時對人體不具危害性。另外，如前面所述，輻射線可防止馬鈴薯發芽（36頁）。

　　雖然不是殺菌，但癌症的輻射線治療可殺死癌細胞，這也可算是一種殺菌效果。

實施輻射線殺菌的香辛料，普遍流通於許多國家。在日本國內，雖然經輻射線殺菌的香辛料不可作為商品流通，但很有可能經由國外料理產品吃進消費者的口中。

在日本，考量到安全性的問題，除了馬鈴薯的發芽預防，食物幾乎不可進行輻射線照射。近年來，由於瞭解輻射線的殺菌效果顯著，安全面上的顧慮逐漸降低，人們開始進行各種驗證試驗。上方照片是經由輻射線殺菌可食用的「生切牛肝片」。

5-4 利用日曬乾燥防止腐敗

生物需要水分才能夠生存。因此，去除食物中的水分，經過乾燥，細菌就無法生存。古人運用這項原理所開發出的就是乾貨。乾貨是經由太陽熱脫水殺菌，並經過太陽紫外線殺菌的食物。

Ⓐ 乾燥殺菌真的有效嗎？

世界上的所有動植物，若沒有水分，數天內就會失去生命。然而，細菌相當頑強，一般乾燥狀態難以殺死消滅。

人類自古就利用乾燥方式來長期保存食物。除了穀物，還有魚乾、牛肉乾、白蘿蔔乾、芋頭乾等許多乾燥食物。過去日本武士當作緊急糧食的乾飯，或者現代當作緊急糧食的乾麵包（類似營養口糧），都算是乾燥食品。

然而，在乾燥狀態下，細菌僅是變得靜止，並沒有死亡。換言之，雖然不能繁殖，但沒有死亡，只要恢復水分就能恢復原本的活性狀態。

將竹莢魚剖開，日曬乾燥數小時，就能作成乾貨。

白蘿蔔乾絲是將白蘿蔔日曬乾燥切成細長狀做成。

灰燼乾燥 （灰干） 是殺菌對策？

　　捕獲的鮮魚，除了馬上食用，還可以保存後再食用，例如使用鹽漬、乾燥等保存法。乾燥一般是在太陽底下曬乾，此外還有「灰燼乾燥」這種特別的方法。

　　魚的灰燼乾燥可說是乾貨的另類做法。這是將魚用紙包起來，上頭覆蓋火山灰等灰燼，在低溫下保存一段時間的方法。透過覆蓋灰燼去除魚的水分，同時低溫存放，能夠延緩腐敗的進行。

　　日曬乾燥會伴隨著太陽熱升溫，而灰燼乾燥不會升高溫度，可避免成分因高溫分解。換言之，灰燼乾燥是處於乾燥狀態與生鮮狀態之間。當然，保存一段時間的熟成作用，也是其一大優點。

製作灰乾秋刀魚的過程是，①將秋刀魚切開浸泡鹽水，經由鹽水調味與殺菌，這步驟跟一般乾貨相同。接著，灰燼乾燥是，②在火山灰上鋪設紙和不織布，排列秋刀魚，③再於上方蓋上不織布、紙和火山灰，形成三明治狀態，花費數小時去除水分。灰乾秋刀魚是介於乾貨與生鮮之間，可不燒烤直接切成生魚片或醋醃處理來食用。

Ⓑ冷凍乾燥能夠殺菌嗎？

冷凍乾燥是一種技術，在0℃以下的真空狀態，使食物中的水揮發成水蒸氣（86頁）。若僅是要蒸發去除食物中的水分，將食物加熱到水的沸騰溫度100℃以上就行了，但這樣會讓食物長時間處於高溫狀態，在這段期間持續加熱，最後當然是慘不忍睹，味道、外觀都僅能用「抱歉」兩字來形容吧。

然而，若採用冷凍乾燥，能夠在0℃以下去除水分。而且，將乾燥後的食物再度加水，可立即恢復原本的含水狀態。冷凍乾燥能夠輕量化食品，長期保存，實屬劃時代的技術。

冷凍乾燥的技術是美國航太總署NASA所開發，可活用於民生用途的代表例子。

僅需加熱水復原即可快速做好的冷凍乾燥湯。

Ⓒ紫外線能夠殺菌嗎？

遠古時代起，人們便開始利用太陽光，曝曬太陽光的「日曬乾燥」，是一種具代表性的食物保存技術。

日曬乾燥有兩種作用。太陽光是由波長較長的紅外線、可見光、波長較短的紫外線所組成，紅外線具有熱能。食物中的水分會吸收紅外線的熱能，促進水分子運動，脫離食物。換言

之，食物可藉由日曬乾燥脫水。

日曬乾燥的另一個作用，是紫外線帶來的效果。紫外線含有高能量，能夠直接殺死細菌，也就是具有殺菌作用。此外，紫外線具有破壞分子的能量，破壞有色成分，產生漂白的效果。多虧如此，寒天、干瓢（瓢瓜乾）才能如此純白。

紫外線帶給食物的作用，不僅只有殺菌、漂白效果而已，人類透過日曬紫外線，可促進體內膽固醇合成維生素D。換言之，缺乏紫外線會發生維生素D不足，可能引發佝僂病等病症。

乾香菇因歷經日曬乾燥，除了脫水、不易腐敗，還能增加維生素D的含量。

知識面面觀MEMO

光的強度與能量

光是電磁波，一種具有波長和頻率的波，同時也具有可一顆兩顆計數的粒子性質。討論粒子性質時，我們會將光稱為光子。

一般來說，光的能量是指單一光子具有的能量。比較單一光子的能量，紫外線的能量會大於紅外線的能量。

然而，光的強弱通常取決於光子個數的多寡，光子數愈多光愈強；光子數愈少光愈弱。

因此，紅外線被爐的光，雖然單一紅外線光子的能量小，但由於光子數量多，所以是強大且熱的光。另一方面，黑光燈（紫外線燈）、植物生長燈（紫外線燈）等，雖然單一紫外線光子的能量大，但光子個數少，反而是弱光。

5-5 利用調味料防止腐敗

　　古人從沒有冰箱的時代起，就不斷在保存各種食物，冬天食用夏天收穫的蔬菜，春天食用秋天採集的菇類，也會長時間持續食用大量捕獲的魚。為此，古人開發出各式各樣的保存法。

　　在傳統保存法中，有一種使用調味料的方法。調味料大多含有鹽分、醋酸或酒精，這些成分的殺菌作用讓食物能夠長時間保存。

Ⓐ 鹽漬

　　使用調味料的保存法中，最為常見的是利用鹽的方法，也就是鹽漬、鹽巴醃漬。蔬菜、香菇、魚、肉等，大部分食材都可用鹽漬保存。

用鹽醃漬的有效性

　　用鹽醃漬食物時，食物細胞內的水分會因滲透壓而跑到外面，使細胞內變得水分不足。這並不僅限於食物的細胞，在細菌身上也會發生同樣情況。換言之，透過用鹽醃漬食物來殺菌，可長久保存食物。

　　另外，雖然其中的機制不明，但透過鹽漬亦可分解毒性物質，使其轉為無毒。石川縣可食用的糠漬劇毒虎河豚卵巢，就是典型的例子。這是將卵巢用鹽醃漬1年左右，浸水去除鹽分，再用米糠醃漬1年左右。河豚毒素會在醃鹽漬的過程中被

糠漬河豚卵巢，食用時剝除米糠，把卵巢切成薄片，當作米飯的配料或下酒小菜。

分解，但反應機制仍不明。

另外，據說某種毒菇也可經由鹽漬來去毒性。

醬油醃漬、味噌醃漬、米糠醃漬等的防腐作用，皆可視為鹽漬法的一種。

耐鹽的細菌

然而，在如此嚴峻的條件（高濃度鹽水）下，仍有能夠存活的細菌──乳酸菌、肉毒桿菌。

乳酸菌能夠增加食物的鮮味與風味，可用來製作蔬菜的醃漬物、滋賀縣流傳的鮒鮓、東北地區常見的叉齒魚、鯡魚飯鮓、伊豆群島特產的臭魚乾等，對這些

使用鯽魚熟成的「鮒鮓」，是琵琶湖畔自一千多年前傳承下來的傳統食品。

171

食物來說，乳酸菌是不可或缺的細菌。

與此相對，肉毒桿菌是非常危險的細菌。肉毒桿菌是討厭氧氣的厭氧菌，會在醃漬物的桶底等接觸不到空氣的地方滋生。而且，肉毒桿菌不像腐敗菌會使食物腐敗，氣味、味道都跟正常食物沒有差別。

Ⓑ糖漬

水果用砂糖醃漬後可長期保存。砂糖醃漬對防止腐敗的化學效果，可想成跟用鹽醃漬相同，也就是脫水反應。

果醬也可視為糖漬的一種。很早以前，日本就有用跟砂糖一樣甜的麥芽糖製成的糖和糖漿，但糖漬食物在過去並不是很普遍。

水果用砂糖煮過、醃漬，再乾燥，即為糖漬。

ⓒ佃煮

　　佃煮是利用醬油、糖防腐效果的保存食物。先經由高溫烹煮加熱，再利用醬油鹽分和糖的脫水作用殺菌，堪稱防止腐敗的相乘作用。

玉筋魚佃煮的「釘煮」，是神戶地區迎接春天到來的傳統食物。

使用從春天到初夏採摘的山野草，以蕗莖製成的佃煮「伽羅蕗」。

佃煮與時雨煮

　　佃煮，相傳源於江戶灣中的佃島（現在東京都中央區的佃），故以該地名命名。

　　由來相似的保存食物，還有三重縣桑名市開發的時雨煮。這原本是指蛤蜊肉加生薑，以醬油和砂糖煮成的保存食物，不久變成泛指加入生薑的佃煮。

　　關於時雨煮的語源，很可能是蛤蜊的產季在常下雨的季節（秋天到初冬），但眾說紛紜。

相傳江戶的佃煮，最早是用醬油炊煮小魚、小蝦。

時雨煮本來是指蛤蜊的佃煮，現在最為人所知的是牛肉時雨煮。

Ⓓ醋漬

　　醋酸等酸具有殺菌作用，利用這個效果的食物有醃菜、醋漬鯡魚等。人們說便當裡放顆梅乾就不會吃壞肚子，其實是梅乾中檸檬酸所具有的殺菌作用。

醃菜，將蔬菜等與香辛料浸漬調味醋的醃漬物總稱。

知識面面觀MEMO ▶

食醋的意外效用

　　若遇到鍋子燒焦，先將鍋內的東西盛出，再趁熱倒入食醋，可使燒焦處略為脫落，再用菜瓜布就能刷洗乾淨。

　　因牛蒡、蓮藕等鹼液強烈的蔬菜而染黑的鍋子，可倒入兩倍稀釋的醋水，煮沸15分鐘就能去除顏色。另外，在煮過魚的鍋子倒入稀釋100倍的醋水，煮沸10分鐘就能去除腥味。

Ⓔ酒漬

酒精（乙醇）也有殺菌作用。注射針劑前擦拭皮膚的脫脂棉，會浸入用來消毒的酒精中。另外，雖然不是用來食用的東西，但蝮蛇、龜殼花的燒酒浸漬能夠一直保持蛇的外觀，這也是多虧酒精的防腐作用。

毒蛇的毒應該會溶到酒裡頭，飲用這種酒不會有危險嗎？或許有些人會有這個疑問，但蛇毒是蛋白毒，蛋白質遇到乙醇後立體結構會改變而變質。因此，龜殼花酒、蝮蛇酒當然是無毒的。

然而，酒漬完全轉為無毒需要一段反應時間，太過「年輕」的酒還是小心為妙。雖然蛋白質進入胃部會被消化，但若有胃潰瘍等病症，毒毒有可能會從傷口進入人體。

在沖繩的酒吧、居酒屋中，裝入玻璃瓶瞪著人看的龜殼花酒。

　　麵包等包裝袋中，有時會放入像紙一樣的酒精劑片。這個劑片會逐漸滲出酒精消毒。

　　另外，奈良漬、名古屋的守口漬，魚的糟粕漬等，使用酒粕和鹽的醃漬物，可看作是利用鹽與酒精的雙重殺菌作用。

Ⓕ油漬

　　例如油漬沙丁魚，是用油醃漬的保存食物。油漬能夠防止食品接觸空氣，可避免食物氧化造成的品質劣化。然而，油沒有殺菌作用，因此若想要用油漬保存食物，需事前經過殺菌。

緊密排列去掉頭的小沙丁魚，是浸泡在調味油中的油漬沙丁魚。

G 燻製

　　燻製的防腐效果複雜，但主要可分為三種效果，以下分別進行討論：首先是煙的效果，接著是熱的效果，最後是事前處理的效果。

　　首先，燻製時，大多會先將食材浸泡鹽水，或者在食材表面抹鹽。這會產生跟鹽漬一樣的殺菌效果。另外，燻製多是對食材加熱，相當於加熱殺菌。

　　接著，燻製還有獨特的煙燻效果。木材燻燒產生的煙霧含有數種有機物，包含羰基化合物、苯酚類、有機酸。

　　羰基化合物是增加燻製獨特的香氣和澀味的物質。苯酚類是酸的一種，具有殺菌作用。苯酚類主體的苯酚，俗名為石碳酸，過去曾經用作消毒藥劑。

　　有機酸是有機物的酸，醋酸、檸檬酸等為代表物質，如同前述，具有殺菌作用（170頁）。

培根是鹽漬豬肉的燻製物。日本的培根是從美國傳來，多是使用五花肉燻製。

知識面面觀MEMO

江戶時代的保存食物

　　任何時代都會保存糧食以預防緊急情況，尤其室町時代到江戶時代的保存食物，還具有戰時軍糧、飢荒時救難食物等意義。

　　然而，令人遺憾的是，救難食物並非具有特色的保存食物，主食為乾飯、年糕、煎餅等，有時會混入糖蜜、麥芽糖等增加營養價值。味噌、醬油、酒類本來就是能夠保存的食物，尤其味噌經常提高鹽分來增進保存期。

　　副食多為乾燥保存的魚、肉等乾貨。植物性食物也經常乾燥處理，大量作成凍豆腐、凍蒟蒻、白蘿蔔乾絲、芋梗乾等。另外，鹽藏品、鹽巴醃漬的醃漬物種類也相當豐富。

　　過去許多城池會種植松樹，據說可作成保存食物。松樹幹的外皮內側有著紅色薄皮，這種薄皮能夠製成緊急糧食。這是古人預備長期固守城池的智慧。

上方照片是「乾飯」也稱為「干飯」，在平安時代前期，是日本長途旅人的攜帶糧食，被視為重寶。另外，在戰國時代，乾飯也用作戰場上的軍糧。下方照片使用的凍豆腐、芋梗乾，是在江戶時代以前就有的保存食物，可加水煮成燉菜，或加入粥、湯中食用。

5-6 利用化學物質防止腐敗

化學物質中，有許多物質有優異的防腐效果。其中，有些物質原本是從天然物中取得，因需求擴大與化學合成技術的進步，如今改用合成的化學物質。

一般家庭料理不會使用這類殺菌、防腐劑，但經常用於食品行業。下面就來看這些化學物質的效果與需要注意的事項。

Ⓐ殺菌劑

用來殺死細菌，屬於作用強烈的物質。

次氯酸鈉NaClO

自來水殺菌的漂白粉有效成分。分解後產生氯氣Cl_2，氯氣有殺菌效果。

過氧化氫H_2O_2

消毒藥劑Oxyfull、Oxydol的有效成分。分解後產生水和氧氣，氧氣會攻擊細菌，進行氧化殺菌作用。

臭氧水O_3

臭氧是氣體。分解後會產生氧氣，效果等同於過氧化氫。

Ⓑ 防腐劑

抑制細菌的增殖，效果較殺菌劑弱。

安息香酸

原為天然物，但現在一般使用的是人工合成品。安息香酸容易溶於水，有抑制各種微生物增殖的效果，因此廣泛用於各種食品、飲料、酒類。

魚精蛋白萃取物

鮭魚精子（精巢）中的魚精蛋白、組織蛋白等特殊蛋白質的萃取物質。具有延緩微生物增生造成的黏性，可用於魚板等食品。

山梨酸（sorbic acid）

原為天然物，但一般使用的是人工合成品。雖然抗菌力不強，但可廣泛抑制黴菌、酵母、細菌等，可用於起司、肉類、魚肉製品。

丙酸

微生物的代謝產物，原本自然存在於味噌、醬油、葡萄酒等發酵食品中，阻止黴菌、芽孢菌（形成耐熱性芽孢的細菌）滋生，可用於起司、麵包、西式甜點等。

聚賴胺酸（polylysine）

由細菌類的輻射菌培養液取得，成分為必需胺基酸之一的 L-離胺酸（lysine）鏈狀物。對大部分的細菌、酵母皆有效，但對黴菌的效果不佳，可用於澱粉類食物。

乳酸鏈球菌素（nisin）

藉由乳酸菌發酵形成的物質，屬於抗生素的一種，無法經由人工化學合成製作。除了優異的抗菌作用，還有抗癌作用。

乳酸鏈球菌素可用於乳脂肪製品、蛋製品、肉製品、西式有餡甜點等。

知識面面觀MEMO

埃及木乃伊

保存人體時，最簡單快速的方法是乾燥，也就是作成木乃伊。在日本，也有許多稱為即身成佛的木乃伊。

其中，製作得最講究的是古埃及的木乃伊。這是取出人體內臟後，於身體內外擦拭防腐劑、香料。防腐劑的成分是苯酚、安息香酸等。

經過數千年後，木乃伊成為埃及重要的輸出品，據說日本是其主要進口國。日本進口埃及木乃伊來做什麼呢？

答案是當作藥物使用──將木乃伊敲碎製成粉藥。木乃伊製成藥物或許是合理的，因為防腐劑中含有藥物的物質，可想成是漢方中藥的一種，就不會覺得太奇怪。

5-7 排除雜菌

想要保存食物、預防食物中毒，最好是能使環境中完全沒有細菌和病毒，但這是不可能的。所以，除了「殺菌」「消毒」，還有許多用來描述排除細菌的用語。若未曾聽聞，可能會搞錯其中的意思。

Ⓐ 殺菌程度

前面講述了許多關於殺菌和防止腐敗的方法，但各種殺菌方式的效果不一樣。有鑑於此，最後就來整理描述殺菌程度的用語。那麼，先從程度最強的用語開始講起吧。

滅菌

滅菌的「滅」是全滅的「滅」，是指殺光細菌。根據《日本藥局方》（日本藥典）的定義，滅菌指的是微生物的生存率為1／100萬。

然而，對食材、人手、人體來說，是不可能滿足這個條件。換言之，滅菌操作的對象是醫療器材等。

殺菌

如同字面上的意思，殺菌是指殺死細菌，但並未指定殺死到「什麼程度」。因此，殺菌跟滅菌不同，效果並不明確。這個用語是用於醫藥品，不是用於清潔劑、漂白劑等。

消毒

意指使細菌失去感染性和毒性，也就是未必需要殺死所有細菌。當然，殺死所有細菌也沒關係，但使用適當的消毒藥使細菌失去活性，也可視為消毒的一種方式。

Ⓑ其他用語

消毒、殺菌很重要性，所以還會使用其他不同的用語：

除菌

除去細菌，簡單說就是減少每單位體積的細菌數量。殺菌是其中一種方法，但使細菌擴散的空間變大，也可說是除菌。

抗菌

意義跟文字有所出入，抗菌是指抑制細菌的繁殖力。不過，發霉、黏性等不是抗菌的作用目的。

減菌

減少細菌的數量，跟除菌幾乎相同，一般用於描述碗盤器具。

靜菌

不是殺死細菌，而是以低溫、乾燥保存等方式，防止細菌增殖。

日 文 參 考 文 獻

- 『毒と薬のひみつ』 齋藤勝裕
  （SBクリエイティブ、2008年）

- 『マンガでわかる有機化学』 齋藤勝裕
  （SBクリエイティブ、2009年）

- 『有害物質の疑問１００』 齋藤勝裕
  （SBクリエイティブ、2010年）

- 『マンガでわかる元素１１８』 齋藤勝裕
  （SBクリエイティブ、2011年）

- 『知っておきたい有機化合物の働き』 齋藤勝裕
  （SBクリエイティブ、2011年）

- 『高校化学超入門』 齋藤勝裕
  （SBクリエイティブ、2014年）

- 『マンガでわかる無機化学』 齋藤勝裕
  （SBクリエイティブ、2014年）

- 『高校化学超入門』 齋藤勝裕
  （SBクリエイティブ、2014年）

- 『本当はおもしろい化学反応』 齋藤勝裕
  （SBクリエイティブ、2015年）

- 『毒の化学』 齋藤勝裕
  （SBクリエイティブ、2016年）

- 『おいしさをつくる熱の科学』 佐藤秀美
  （柴田書店、2007年）

- 『こつの科学』 杉田浩一
  （柴田書店、2006）

- 『料理のコツ解剖図監』 豊満美峰子
  （サンクチュアリ出版、2015年）

- 『料理の科学 1　ロバート・L・ウォルク、ハーバー保子訳
  ——素朴な疑問に答えます——』 （楽工社、2012年）

- 『調理以前の料理の常識』 渡辺香春子
  （講談社、2008年）

國家圖書館出版品預行編目（CIP）資料

科學料理：從加工、加熱、調味到保存的美味機制 / 齋藤勝裕作；衛宮紘譯. -- 初版. --
新北市：世茂，2020.07
　　面；　公分. --（科學視界）

　ISBN 978-986-5408-25-1（平裝）

1.食品科學

463　　　　　　　　　　　109006172

科學視界247

科學料理：從加工、加熱、調味到保存的美味機制

作　　者／齋藤勝裕
譯　　者／衛宮紘
主　　編／楊鈺儀
特約編輯／陳文君
封面設計／走路花工作室
出 版 者／世茂出版有限公司
地　　址／(231)新北市新店區民生路19號5樓
電　　話／(02)2218-3277
傳　　真／(02)2218-3239（訂書專線）、(02)2218-7539
劃撥帳號／19911841
戶　　名／世茂出版有限公司
　　　　　單次郵購總金額未滿500元（含），請加60元掛號費
世茂網站／www.coolbooks.com.tw
排版製版／辰皓國際出版製作有限公司
印　　刷／凌祥彩色印刷股份有限公司
初版一刷／2020年7月
　　二刷／2020年12月

ＩＳＢＮ／978-986-5408-25-1
定　　價／380元